生物学山地野外实习丛书

# 植物学

## 山地野外实习指导

刘世彪　杨晓琛　张梦华　王本忠　编著

U0272440

 中国农业科学技术出版社

图书在版编目（CIP）数据

植物学山地野外实习指导 / 刘世彪等编著. --北京：中国农业科学技术出版社，2024.3

ISBN 978-7-5116-6700-7

Ⅰ.①植… Ⅱ.①刘… Ⅲ.①植物学－山地－教育实习 Ⅳ.①Q94-45

中国国家版本馆CIP数据核字（2024）第 028556 号

责任编辑 马维玲 崔改泵
责任校对 李向荣
责任印制 姜义伟 王思文

出 版 者 中国农业科学技术出版社
　　　　　 北京市中关村南大街 12 号 　 邮编：100081
电　　话 （010）82109194（编辑室） 　（010）82106624（发行部）
　　　　　 （010）82106624（读者服务部）
网　　址 https：// castp.caas.cn
经 销 者 各地新华书店
印 刷 者 北京地大彩印有限公司
开　　本 130 mm×185 mm　1/32
印　　张 5.5
字　　数 133 千字
版　　次 2024 年 3 月第 1 版　 2024 年 3 月第 1 次印刷
定　　价 25.00 元

# 生物学山地野外实习丛书
## 编 委 会

主　任：彭清忠

副主任：查满荣　田向荣

委　员：冯立国　黄兴龙　刘世彪　刘志宵　刘祝祥

　　　　田永祥　王本忠　王永强　吴　涛　杨晓琛

　　　　张梦华　张佑祥　张自亮

# 《植物学山地野外实习指导》

## 作 者 简 介

### 刘世彪

男，土家族，湖南保靖人，二级教授，西北大学博士，美国北卡罗来纳州立大学访问学者。主要从事植物学和植物文化教学和研究工作，在猕猴桃等资源植物研发方面取得较多成果。长期致力吉首大学生物科学馆建设和科普宣传，具有丰富的野外实习指导经验，为湖南省省级一流本科课程——生物学山地野外实习负责人。出版《生物学野外实习教程》《植物学实验指导》《武陵山区野生观赏植物及其生态文化》《植物文化学概论》等多部教材和专著。

### 杨晓琛

女，汉族，湖北十堰人，讲师，博士毕业于华中师范大学植物学专业。主要从事植物学及植物学实验教学工作，科研上围绕武陵山区重要植物类群开展植物繁殖生态学、植物进化生态学等方面研究，主持国家自然科学基金青年项目等。长期带队进行生物学野外实习工作，具有丰富的指导经验。

### 张梦华

女，土家族，湖南永顺人，讲师，博士毕业于中国科学院大学植物学专业。研究方向为植物分类学和植物分子系统进化，以第一作者在国际植物分类学经典期刊*Taxon*上发表论文多篇，参与出版《中国茂兰观赏植物》《中国茂兰森林蔬菜》等著作。长期带队进行生物学野外实习指导工作。

### 王本忠

男，土家族，湖南古丈人，林业工程师，就职于湖南高望界国家级自然保护区管理局，长期从事生物多样性调查研究与保护工作，已发表植物新种3个。与吉首大学合作出版《高望界保护区鸟类图谱》《武陵山区野生观赏植物及其生态文化》等著作。

# 序

生物学野外实习对高校生物科学专业的学生来说，是一件终生难忘的学习经历。它不仅巩固和拓展了学生的专业知识，提升了实践技能和人文素养，还为在大自然中开展课程和思想政治教育提供了实践的平台。

"生物学山地野外实习"是一门挑战与机遇并存的实践课程，安排在大一期末进行，主要与动物学和植物学课程衔接，但实习中接触到的大型真菌和生态学知识也是实习的重要内容。野外实习的组织难度大、后勤安全责任大、教学工作量大是大家的共识，但吉首大学迎难而上、一如既往，40年来，采集、制作和鉴定了6万余份生物标本，组建了吉首大学生物科学馆，建成了湖南省生物科学科普基地，荣获湖南省普通高校教学成果奖，本科生课程——"生物学山地野外实习"被评为湖南省省级一流本科课程，数十位学生以野外实习为切入点，在全国大学生挑战杯和生命科学竞赛中取得优异成绩。

我们曾在2008年出版《生物学野外实习教程——实践与创新》一书，但随着时代发展，按照教材政治性、育人性和专业性属性及现代化、个性化和素质化的要求，吉首大学与实习基地单位同行新编了"生物学山地野外实习丛书"，以适应教改大势。如在实习中广泛应用生物智、形色、花伴侣等生物识别软件进行物种的初步鉴定，组织课题小组进行科研工作，采用多元化过程考核等，走出了颇具特色的地方高校野外实习实践教学的新路子。

　　本丛书分《植物学山地野外实习指导》《动物学山地野外实习指导》《大型真菌山地野外实习指导》三册，由具有丰富野外实习指导经验的教师编著。丛书得到了生物科学国家级一流本科专业和吉首大学教务处专项支持，在此特致谢意。希望本丛书能为生物科学专业学生、原本·武陵创新创业实践营、中小学生物教师及生物爱好者提供有益的帮助。

彭清忠

2024年2月

# 前　言

　　吉首大学地处湖南省西部的武陵山区，这里有3个国家级自然保护区，植被繁茂，非常适合植物学山地野外实习。吉首大学生物科学专业师生在40年的实习中共采集、鉴定和制作了4万余份植物标本，指导教师发表了一批植物新种，出版了多部相关学术著作和教材，发表了一批相关教改论文；学生们学有所得，以野外实习为平台进行了一系列的科技创新活动，多次荣获各级各类大学生课外学术科技作品竞赛奖励。

　　《植物学山地野外实习指导》共四章；第一章简要介绍了植物学野外实习的知识、能力、情感和思想政治的教学目标与功能；第二章简要介绍了植物分类的基础知识和野外识别技巧；第三章简要介绍了植物标本的采集、制作和保存方法；第四章湘西地区常见植物图集除蕨类和裸子植物外，主要按最新的APG被子植物分类系统，共收集和简介了常见植物140科464种，这在湘西土家族苗族自治州近3000种维管植物中虽属管中窥豹，实则抛砖引玉。其中第一章、第三章由刘世彪编写；第二章由杨晓琛编写；第四章由刘世彪和王本忠组图，张梦华注释；全书由刘世彪统稿。本书虽属"口袋书"，仍力求科学性、系统性和实用性的统一，可作为高校生物科学专业学生及社会植物爱好者的野外作业参考书。

本册的出版得到了吉首大学生物资源与环境科学学院和吉首大学教务处的出版资助，植物分类学专家张代贵老师对本书进行了审阅，部分内容参考了相关文献，在此一并表示感谢。由于作者水平和经验有限，有错误和不妥之处恳请读者批评指正。

编著者

2024年2月

# 目　录

# 第一章

## 植物学山地野外实习教学目标

植物学山地野外实习的总体教学目标与功能，就是完成实践教学任务，让学生在专业知识、专业技能和思想政治素养方面得到巩固、发展和提升。

## 第一节　野外实习的知识目标

### 一、复习、巩固和验证理论知识

通过野外实习教学，使学生进一步复习、巩固和验证植物学基础知识，加深与充实课本内容，扩大和丰富学生的植物学眼界。例如，湘西地区是猕猴桃的分布中心之一，猕猴桃也是当地的重要产业，但一般的植物学教材都极少提及猕猴桃知识。实习基地的猕猴桃野生资源极其丰富，有中华猕猴桃、美味猕猴桃、革叶猕猴桃、京梨猕猴桃、多花猕猴桃、黑蕊猕猴桃、毛花猕猴桃等多个物种，通过实习教师介绍的猕猴桃形态和结构、分类和生境、栽培和加工等知识，从而巩固和拓展学生的植物学知识，让学生将理论与实践联系起来，达到知行合一的教学目标。

## 二、学会植物标本采集、制作、鉴定和保存方法

采集、制作、鉴定和保存植物标本是生物学专业学生必须掌握的基本功。虽然这些内容已在实验课上有所涉及，但毕竟时间有限，训练不足。在实习中学生不仅能识别更多的植物种类，更重要的是可以学会和掌握各类植物标本的采集、制作、鉴定和保存方法，为后续课程的学习、毕业后的深造和工作奠定专业基础。

## 三、完成野外实习具体教学任务

在野外实习中，学生个人或小组都要完成一定数量的、具体的教学任务，作为实习直接的收获。其一，了解和掌握植物学野外实习程序、调查工具及其使用方法。其二，掌握植物腊叶标本的采集、记录、鉴定和制作方法，每个小组完成采集和制作标本200份。其三，掌握"色形"等植物识别软件、植物志与植物图鉴等工具书的使用方法，并写出植物所属科、属、种的主要特征及编目。其四，观察植物与环境的相互关系和植被分布规律，了解资源植物的经济用途。

# 第二节　野外实习的能力目标

## 一、培养学生观察能力

观察是认识事物、增长认知能力的重要途径。培养观察力，一要从大处着眼小处着手，例如，学生常把葡萄科的乌蔹莓误认为葫芦科的绞股蓝，就在于忽视了乌蔹莓的叶较宽大，而绞股蓝的叶

较小，前者的卷须与叶对生，而后者的卷须从叶腋侧出，前者的茎节略带红色而后者是绿色等诸多特征。二要发挥看、摸、闻、尝等多种感官的作用来全面了解植物，例如，只有通过揉捻，才能比较樟科和伞形科植物的"香"以及鸡矢藤和黄堇的"臭"，只有通过尝，才能了解山矾的"甜"和黄连的"苦"。三要抓主要矛盾，培养学生通过观察植物主要特征把植物鉴定到"科"的能力。

## 二、培养学生操作能力

独立操作是一种重要的应用能力，它要求学生"能动手、会做事"。指导教师应通过现场演示、原理讲解和具体指导等方式，教会学生掌握植物实习的技能技巧，培养学生的独立操作能力，使学生学会野外作业工具（如标本采集器具、数码相机、GPS定位仪）的使用，学会消毒液和保存液的配制，能熟练准确地查阅文献、检索表和工具书，制作植物腊叶标本和浸制标本，并养成良好的动手兴趣和习惯。

## 三、培养学生科研创新能力

科学研究是创造知识和运用知识的探索活动，创新教育是高层次的素质教育，是培养大学生业务素质的最终目标。实习指导教师要通过师生双向选择，给学生布置一些研究小课题，例如实习基地的某类植物资源调查、植物生长发育现象观察、植物分布与环境适应等，组成课题小组进行现场调查及实习后续研究。教师通过从资料收集、实验设计与实施、数据处理到论文写作的系统指导，以培养学生的科研兴趣、科研方法和实验技能，产出科研创新成果。

# 第三节　野外实习的情感和思想政治目标

野外实习是走出校门的实践教学，特殊的教学环境下教师应加强对学生的情感和思想政治素养教育，以提升其人文素养。

## 一、纪律教育

大学生走出校门，热情高涨，思想上易于放松要求，实习的法纪教育更为重要。实习中要求学生做到"六要六禁"，要一切行动听指挥，严禁各行其是；要维护学校形象，严禁赌博、酗酒、打架和偷窃；要处理好各方关系，严禁与当地干部群众发生冲突；要遵守作息时间，严禁单独行动和迟到早退；要多与人交流，严禁带外人实习；要多讲友情，严禁谈情说爱。严格的纪律教育能培养学生遵纪守法的好作风，以保证完成野外实习任务。

## 二、人身安全教育

人生安全教育就是自保、自卫、自救教育。实习中要教育学生提高人身安全意识和自我保护意识，例如乘车坐船时要听从安排、工作时不能穿拖鞋、短衣和短裤。在森林中不能吸烟点火、乱喝生水、乱尝野果野菜、私自攀树爬岩，要认真观察环境，避免被动物伤害。药物器械要有专人管理。学生外出要数人结伴。严格的安全教育和措施才能保证实习不出事故，万一发生了事故要及时向实习队和领导报告，必要时拨打110报警或拨打120急救电话。

## 三、环境保护教育

绿水青山就是金山银山，环境保护教育要引导和教会学生热爱大自然，培养学生观察自然、认识自然和保护自然的意识和方法。例如，在实习中不要过度地采集同一种植物标本或在同一株树上采集多份标本，不过多采集珍稀濒危植物，不破坏生态原貌。不乱扔垃圾，不制造白色污染。要教育学生遵守社会公德，爱惜公物，勤俭节约，不浪费粮食和水电。要教育学生搞好个人卫生，常洗澡，常洗脚，保持公共场所的卫生环境。

## 四、团队协作教育

实习中应增强学生的集体主义观念，弘扬团队协作精神，增进师生之间的相互理解和沟通。通常基地的学习、生活与卫生条件较差，要鼓励学生克服困难，学会包容和谦让。要教育学生主动参与集体事务，分工协作，互益互惠。参观游览时要讲文明礼貌，联谊活动中要展现风格风采。指导教师要有规划和分工，以保证实习有效有序开展。

## 五、爱国主义和红色教育

湘西山川秀美，是中国工农红军第二军团的诞生地和主要活动区，是实施爱国主义教育和红色教育的合适区域。实习中可通过对名山大川和自然保护区自然景观的实地考察、对各个历史期的名胜古迹、纪念碑和历史博物馆等自然景观和人文景观的参观访问，促进学生了解自然、社会历史与现状，激发学生热爱祖国河山、继承红色基因、为祖国富强而努力学习的热情。

## 六、科学世界观教育

野外实习可以强化学生的辩证唯物主义世界观和方法论，提升其人生正能量。可指导学生客观地进行野外观测和标本制作，而不能凭感觉或任意编造；指导学生以联系与发展的观点看待植物与环境的关系；让学生从植物要扩繁种群至种群密度过大时的竞争、从人们开荒种地至退耕还林的转变中理解事物是矛盾的，矛盾是可以转化的。

## 七、实习基地的辅助教育

野外实习基地不仅是野外实习的场所，也是高校和社会双向交流的"窗口"，对学生了解和认识社会十分有益。基地方便了实习生的学习与生活，在部分方面展示了植物保护和科研的发展前沿，有利于学生的社会教育、职业素质教育和创新创业教育。基地反馈的信息也有利于促进高校的专业设置和调整。

# 第二章

## 植物分类基础知识和识别技巧

### 第一节　植物分类基础知识

植物分类和鉴别是学习植物学的基本技能，主要依据植物繁殖器官及营养器官的形态与结构。由于季节原因，在野外正好获得某物种的花或果实并不容易，因此可根据营养器官的特征，通过看、摸、闻、尝等来确定或推断植物的种或所在科属，这于植物研究和野外调查是必须的。维管植物是野外最常见的类群，尤以蕨类植物和被子植物为多，因此，本节重点介绍这两类植物的形态学基本知识。

### 一、蕨类植物

蕨类植物又称羊齿植物，进化地位介于苔藓植物和种子植物之间，是孢子植物中具有维管束的高等类群。孢子体具根、茎，叶营养器官以及孢子囊等生殖器官的分化（图2-1），野外主要根据蕨类植物的叶和孢子囊群的形态结构进行种类鉴别。

**图2-1 蕨类孢子体**

（何凤仙，2000.植物学实验［M］.北京：高等教育出版社.）

孢子囊是蕨类的生殖器官，常包括囊群盖、孢子及隔丝等，是分类的重要根据。常见的囊群有圆形、肾形、条形等。绝大多数种类的孢子囊着生在孢子叶的边缘、背面或特化了的孢子叶上，着生方式有边生、顶生、脉端生和脉背生（图2-2）。但有的孢子囊群形态及着生位置是不定型的，成熟时满布于叶背面。水生蕨类的孢子囊群着生在特化的孢子果内。

无盖　　有盖　　边生　　顶生　　脉端生
孢子囊群　孢子囊群　孢子囊群　孢子囊群　孢子囊群

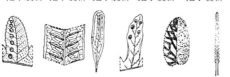

脉背生　　　　　　　穴生　　网状　　瓶尔小草
孢子囊群　条形孢子囊群　孢子囊群　孢子囊群　孢子囊穗

**图2-2 蕨类孢子囊群类型**

（吴国芳，冯志坚，马炜梁，等，1992.植物学（下册）［M］.
北京：高等教育出版社.）

## 二、被子植物

被子植物又称有花植物，是进化级别最高的种子植物类群。其胚珠由心皮所包被形成子房，子房发育成为果实。被子植物的植物体器官可分为两大类：根、茎和叶为营养器官，花、果实和种子为生殖器官。它们的形态变化极其多样，类型复杂，适应性也最为广泛。

### （一）根

1.根的类型

主根、侧根、不定根。

2.根系的类型

直根系、须根系。

3.根的变态类型

（1）贮藏根。根肥厚多汁，形状多样，存贮养料，多见于双子叶草本植物。包括肉质直根（如萝卜）和块根（如红薯）。

（2）气生根。即生长在地面以上空气中的根。包括支柱根（如玉米）、攀缘根（如络石）、呼吸根（如红树）。

（3）寄生根。寄生植物的叶完全退化，营养全部依赖寄生根从寄主组织中吸收，如菟丝子。

### （二）茎

1.茎的生长习性

直立茎、缠绕茎、攀缘茎和匍匐茎。

## 2. 茎的变态类型（图2-3、图2-4）

山楂的枝刺

皂荚的枝刺

仙人掌的肉质茎

竹节蓼的叶状茎

假叶树的叶状茎

葡萄的茎卷须

**图2-3　地上茎变态**

（龚双娇，刘世彪，2021.植物学实验指导［M］.长沙：中南大学出版社.）

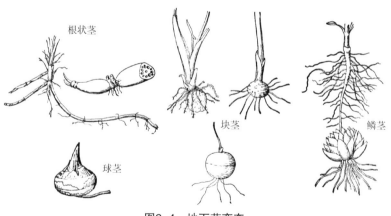

根状茎

块茎

鳞茎

球茎

**图2-4　地下茎变态**

（龚双娇，刘世彪，2021.植物学实验指导［M］.长沙：中南大学出版社.）

## （三）叶

### 1. 叶的组成

通常包括叶片、叶柄和托叶，有的可缺乏一或两个部分。

### 2. 叶片的形态

（1）叶片的形状。根据叶片长度和宽度的比例以及叶片最宽处的位置，通常把叶片的形状分为以下几类（图2-5）。

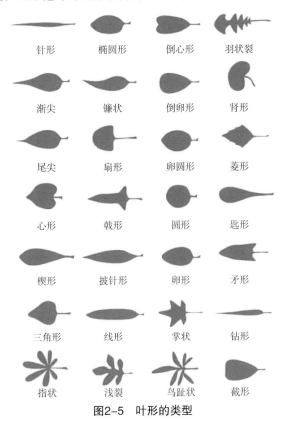

| | | | |
|---|---|---|---|
| 针形 | 椭圆形 | 倒心形 | 羽状裂 |
| 渐尖 | 镰状 | 倒卵形 | 肾形 |
| 尾尖 | 扇形 | 卵圆形 | 菱形 |
| 心形 | 戟形 | 圆形 | 匙形 |
| 楔形 | 披针形 | 卵形 | 矛形 |
| 三角形 | 线形 | 掌状 | 钻形 |
| 指状 | 浅裂 | 鸟趾状 | 截形 |

**图2-5　叶形的类型**

（引自https://mp.weixin.qq.com/s/ueRbsezgYr2Vmpd3CPzz5A）

（2）叶缘的类型（图2-6）。

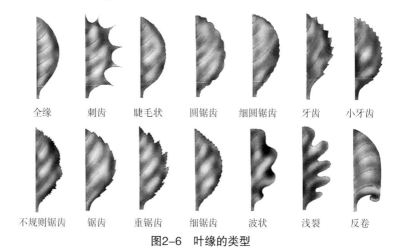

全缘　　刺齿　　睫毛状　　圆锯齿　　细圆锯齿　　牙齿　　小牙齿

不规则锯齿　　锯齿　　重锯齿　　细锯齿　　波状　　浅裂　　反卷

图2-6　叶缘的类型

（引自https://mp.weixin.qq.com/s/ueRbsezgYr2Vmpd3CPzz5A）

（3）叶裂的类型。根据叶片形态和缺裂形状，把叶裂分为下列几种类型（图2-7）。

羽状浅裂　　羽状深裂　　羽状全裂　　倒羽状裂

掌状浅裂　　掌状深裂　　掌状全裂

图2-7　叶裂的类型

## 3. 单叶和复叶

叶有单叶和复叶之分。一个叶柄上只着生一片叶片的叫单叶，一个叶柄上着生两片以上小叶的，叫作复叶。复叶的叶柄称为总叶柄或叶轴，总叶柄上所着生的许多叶，称小叶，其叶柄称小叶柄。复叶依小叶排列的不同状态分为三类：羽状复叶、掌状复叶、三出复叶（图2-8）。

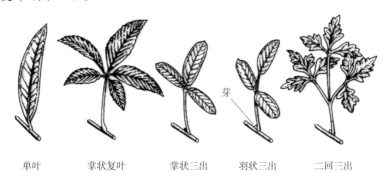

单叶　　掌状复叶　　掌状三出　　羽状三出　　二回三出

芽

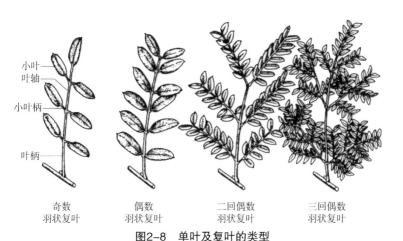

小叶
叶轴
小叶柄
叶柄

奇数
羽状复叶　　偶数
羽状复叶　　二回偶数
羽状复叶　　三回偶数
羽状复叶

**图2-8　单叶及复叶的类型**

（引自https://mp.weixin.qq.com/s/ueRbsezgYr2Vmpd3CPzz5A）

4.叶序

叶在茎或枝上的排列方式为叶序，常见种类如下（图2-9）。

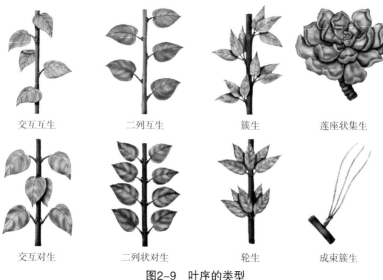

交互互生　　　　　二列互生　　　　　簇生　　　　　莲座状集生

交互对生　　　　　二列状对生　　　　　轮生　　　　　成束簇生

**图2-9　叶序的类型**

（引自https://mp.weixin.qq.com/s/ueRbsezgYr2Vmpd3CPzz5A）

## （四）花

### 1. 花的基本形态

被子植物一朵完全的花由花柄（花梗）、花托、花被、雄蕊群和雌蕊群五部分组成。花被包括花萼和花冠。花被的内部是雄蕊和雌蕊，雄蕊由花药和花丝组成，雌蕊由柱头、花柱和子房组成，子房内有胚珠（图2-10）。

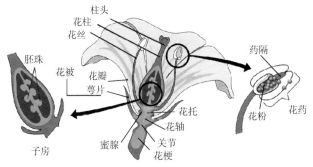

**图2-10 花的基本组成部分**

（引自https://mp.weixin.qq.com/s/ueRbsezgYr2Vmpd3CPzz5A）

### 2. 花冠的形状

组成花冠的花瓣常3片至多数，一般双子叶植物的花基数为4或5，单子叶植物的花基数为3。由于花冠各瓣形状、大小差异、数目多寡、结合方式和程度的不同，使花冠存在多种不同的形状（图2-11）。这些特征是植物分科和种类鉴定的重要依据。

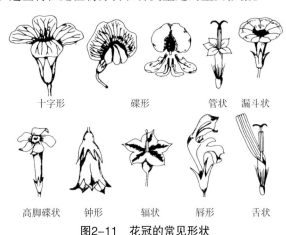

**图2-11 花冠的常见形状**

（陆时万，徐祥生，沈敏健，1991.植物学：上册［M］.2版.
北京：高等教育出版社.）

### 3. 雄蕊和雌蕊

（1）雄蕊。由花药与花丝构成，雄蕊之间通常完全分离，花丝可与花瓣结合。花药一般有4个花粉囊（4个药室），锦葵科的花粉囊愈合为一，只有1个药室（图2-12）。

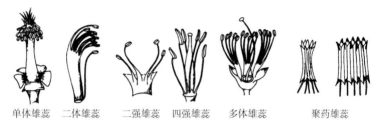

单体雄蕊　二体雄蕊　二强雄蕊　四强雄蕊　多体雄蕊　聚药雄蕊

**图2-12　雄蕊的类型**

（强胜，2017.植物学［M］.2版.北京：高等教育出版社.）

（2）雌蕊。每一雌蕊由柱头、花柱和子房构成，构成雌蕊的单位称为心皮，根据心皮数量以及离生或联合状态可分为单雌蕊和复雌蕊（图2-13）。

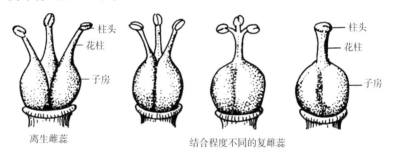

离生雌蕊　　　　　　　结合程度不同的复雌蕊

**图2-13　雌蕊的类型**

（强胜，2017.植物学［M］.北京：高等教育出版社.）

### 4. 花序

花序是指花在花枝上的排列方式。花序因开花顺序的不同而分为两大类。

（1）无限花序。指花轴下部的花先开，渐渐延伸到上部，或花轴边缘的花先开，中心的花后开，同时花轴自身也在不断伸长的类型（图2-14）。

总状花序　　　穗状花序　　　伞房花序　　　柔荑花序

肉穗花序　　　伞形花序　　　　头状花序

隐头花序　　　圆锥花序　　　复伞形花序

图2-14　无限花序的类型

（强胜，2017. 植物学［M］.北京：高等教育出版社.）

（2）有限花序。指花轴最顶端或最中央的花先开，下部或外部的花后开，同时花轴本身不能伸长的类型（图2-15）。

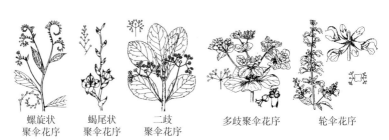

| 螺旋状聚伞花序 | 蝎尾状聚伞花序 | 二歧聚伞花序 | 多歧聚伞花序 | 轮伞花序 |

**图2-15　有限花序的类型**

（强胜，2017.植物学［M］.北京：高等教育出版社.）

## （五）果实

果实是由子房发育而来的，可分为以下几类（图2-16）。

**图2-16　果实的类型**

1. 真果与假果

根据果皮的性质，果实可分为真果和假果。真果的果皮仅由子房壁发育而来；假果的果皮除子房壁外，花被、花托、花萼、苞片，甚至花序轴等都可能参与形成果实。

2. 单果、聚合果和聚花果

根据开花时雌蕊的类型，果实可分为以下三类。

单果：一朵花中仅一雌蕊或雌蕊合生，以后只形成一个果实。

聚合果：一朵花中有许多离生雌蕊，每一雌蕊形成一个小果，聚于同一花托之上。

聚花果：果实由整个花序发育而来，花序也参与果实的形成。

3. 肉果和干果

根据果实成熟时果皮的性质可分为以下两类。

肉果：果实成熟后果皮或果实其他部分肉质多汁，包括浆果、核果、梨果、柑果、瓠果。

干果：果实成熟时，果皮呈干燥状态。有的开裂，称裂果，包括荚果、蓇葖果、蒴果、角果；有的不开裂，称闭果，包括瘦果、颖果、坚果、翅果、双悬果、胞果。

# 第二节　植物识别技巧

## 一、抓住主要分类依据和植物学特征

当在野外看到不认识的植物时，首先要观察其全部特征，运用已学过的各类群的主要分类依据，采用层层缩小的方法，去鉴别它属于哪一个科属。例如，植物具有真正的花（并带有果实），那可判断为被子植物；它具有羽状或网状叶脉，花基数4～5，直根系，可判断为双子叶植物。其次要观察其营养体和花、果的局部特征，如为具有卷须的草质藤本，并且卷须是侧生于叶柄基部或叶腋，再加上单性花、子房下位、侧膜胎座、瓠果等特征，就可以判断其为葫芦科植物，而不是葡萄科植物。再根据花药卷曲、雄蕊3［$A_{(2)+1}$］、花瓣呈流苏状的特征，可判断为葫芦科栝楼属（*Trichosanthes*）植物。栝楼（*Trichosanthes kirilowii*）则为各地区常见植物，果实近球形，果梗较长；种子卵状椭圆形，压扁。而本属的其他种类则在具体性状上互有差别。

## 二、利用典型外部性状特征可聚类到科属

植物生长有很强的季节性，在植物学野外实习过程中，通常会碰到有花无果、有果无花和无花无果的植株。这时可以依据植物分类体系，以植物根、茎、叶性状为指标，结合实践经验，总结出植物各类群共同的典型特征，初步聚类到科或属，以后再根据有关资料进一步鉴定到种。

"植物大类群鉴别特征"介绍如下。

### （一）具块根的类群

蓼科（何首乌）、毛茛科（乌头属、天葵、单叶铁线莲）、防己科（千金藤属）、樟科（乌药）、蝶形花亚科（野葛）、萝藦科（牛皮消）、旋花科（甘薯）、玄参科（玄参属）、列当科（地黄属）、葫芦科（栝楼属、雪胆属）、禾本科（淡竹叶）、百部科（百部）、天门冬科（天门冬属、山麦冬属、沿阶草属）、阿福花科（萱草属）。

### （二）具块茎、球茎和根状茎的类群

罂粟科（紫堇属）、茄科（马铃薯）、莎草科（荸荠属）、天

南星科、百合科（部分种）、薯蓣科（具块茎和小球茎）、姜科、兰科、三百草科、葫芦科（部分种）、禾本科。

## （三）具鳞茎的科

酢浆草科、百合科（部分种）、石蒜科。

## （四）茎方形的科（仅包括草本植物）

苋科（牛膝属）、大戟科（山靛属）、金丝桃科（黄海棠、地耳草）、野牡丹科（多数种）、报春花科（少数种）、马鞭草科（部分）、唇形科、玄参科（部分）、茜草科（部分）、爵床科。

## （五）茎上具刺的类群

1. 枝刺

榆科（刺榆属）、桑科（柘属）、蔷薇科（火棘属、山楂属、木瓜属、梨属）、蝶形花亚科（皂荚属）、芸香科（枸橘属、金橘属、柑橘属）、鼠李科（雀梅藤属、鼠李属）、大风子科（柞木属）、仙人掌科、胡颓子科（胡颓子属）、柿科（柿属部分种）、茄科（枸杞属）。

2. 皮刺

桑科（葎草属）、蓼科（蓼属中的扛板归、刺蓼等）、蔷薇科（悬钩子属、蔷薇属）、含羞草亚科（含羞草属）、苏木科（云实属）、芸香科（花椒属）、葡萄科（刺葡萄）、五加科（五加属、刺楸属、楤木属）、茜草科（茜草属）、菝葜科（菝葜属）。

3. 叶刺、托叶刺或叶柄刺

小檗科、苋科（苋属刺苋）、蝶形花亚科（刺槐属）、鼠李科（枣属）、茜草科（虎刺属）、清风藤科（清风藤）。

## （六）节及其附近膨大呈关节状的类群（草本植物具对生叶的科）

金粟兰科、苋科（牛膝属）、爵床科、透骨草科。

## （七）具卷须的类群

葫芦科（茎卷须侧生于叶柄基部）、葡萄科（茎卷须与叶对生）、蝶形花亚科（叶卷须，野豌豆属、香豌豆属、豌豆属）、菝葜科（菝葜属）。

## （八）具叶柄下芽的类群

蝶形花亚科（刺槐属、香槐属）、悬铃木科、番荔枝科（番荔枝属）。

## （九）有白色或黄色乳汁的类群

桑科（桑属、榕属、柘属、构属）、罂粟科（血水草属、荷青花属、博落回属）、漆树科（漆树属）、大戟科（橡胶树属、油桐属、乌桕属、大戟属、木薯属）、夹竹桃科、萝藦科、旋花科（甘薯属）、桔梗科、菊科（舌状花亚科）。

## （十）叶或茎具腺体的类群

这里的腺体指具有一定的位置（常位于叶柄、叶柄顶端、叶轴上或叶片近基部的边缘）、一定形状（疣状、脐状、盾状、粒状及腺毛状），而且数量极少的腺体。

樟科（樟属）、杨柳科（响叶杨）、蔷薇科（李属）、蝶形花亚科（部分）、苦木科（臭椿属）、大戟科（油桐属、乌桕属）、凤仙花科、萝藦科、紫葳科、忍冬科（荚蒾属、接骨草属）。

## （十一）叶具油点或腺点的类群

油点是一种埋藏在组织中呈油点状的、球形或条形的囊状体，对光视之，为半透明；腺点是指外生的、黄色、红色或黑色的油状或胶状物质，其中有的是无柄的腺毛。油点和腺点在叶上无一定的位置，而数量通常是多数的。

樟科、胡桃科、芸香科、苦木科、藤黄科、桃金娘科、紫金牛科、报春花科、唇形科（部分）、玄参科（部分）、忍冬科（部分）。

## （十二）叶具钟乳体的类群

钟乳体是一种埋藏在组织中的碳酸钙结晶体，通常呈点状或短线状。

桑科、荨麻科、爵床科。

## （十三）叶盾状着生的类群

蓼科（扛板归）、睡莲科、防己科（千金藤属、轮环藤属、蝙蝠葛属）、小檗科（八角莲属）、蔷薇科（盾叶莓）、大戟科（蓖麻）。

## （十四）具互生羽状复叶（含羽状三出复叶）的类群

*木本植物*

胡桃科、木通科（猫儿屎属）、小檗科（十大功劳属、南天竹属）、钟萼木科、蔷薇科（花楸属、悬钩子属、蔷薇属）、蝶形花亚科（许多属）、芸香科（花椒属、枸橘属）、苦木科（苦木属、臭椿属）、楝科（楝属、香椿属）、大戟科（重阳木属）、漆树科（黄连木属、盐肤木属、漆树属）、省沽油科（瘦椒树属）、无患子科（无患子属、栾树属）、清风藤科（泡花树属）、五加科（楤木属）。

草本植物

毛茛科（毛茛属、唐松草属、银莲花属）、芍药科（牡丹属）、小檗科（红毛七属、淫羊藿属）、十字花科（泡果荠属、碎米荠属）、虎耳草科（落新妇属）、蔷薇科（假升麻属、水杨梅属、委陵菜属、草莓属、龙牙草属、地榆属）、蝶形花亚科（许多属）、芸香科（松风草属）、茄科（茄属马铃薯）。

## （十五）具互生掌状复叶（含掌状三出复叶）的类群

木本植物

木通科（木通属、鹰爪枫属、野木瓜属、大血藤属）、葡萄科（蛇葡萄属、爬山虎属）、五加科（鹅掌藤属、五加属）。

草本植物

毛茛科（天葵属）、白花菜科（白花菜属）、蔷薇科（委陵菜属、蛇莓属）、蝶形花亚科（车轴草属）、酢浆草科（酢浆草属）、葡萄科（乌蔹莓属）、葫芦科（雪胆属、绞股蓝属）。

## （十六）具对生复叶的类群（仅包括双子叶植物）

掌状复叶

七叶树科（七叶树属）、唇形科（牡荆属）。

羽状复叶

毛茛科（铁线莲属）、芸香科（黄檗属、吴茱萸属）、省沽油科（省沽油属、野鸦椿属）、无患子科（槭属部分种）、木犀科（梣属、连翘属）、紫葳科（凌霄花属）、唇形科（丹参属部分种）。

## （十七）具轮生叶的类群（仅包括双子叶植物）

景天科（八宝属、景天属部分种）、金鱼藻科（金鱼藻属）、小二仙草科（狐尾藻属）、五加科（人参属）、夹竹桃科（夹竹桃属）、玄参科（石龙尾属）、苦苣苔科（吊石苣苔属）、茜草科（茜草属、猪殃殃属）、桔梗科（桔梗、轮叶沙参）。

### （十八）具特殊花冠类型的类群

蔷薇形花冠——蔷薇科，十字形花冠——十字花科，蝶形花冠——蝶形花亚科，假蝶形花冠——苏木亚科，唇形花冠——唇形科、玄参科，管状花冠、舌状花冠——菊科，漏斗形花冠——旋花科和部分茄科，钟形花冠——桔梗科。

### （十九）具副花冠的类群

副花冠是有些植物在花冠和雄蕊之间的瓣状或冠状附属物。萝摩科、石蒜科（水仙属）。

### （二十）具副萼的类群

在花萼之外的一轮萼状物（苞片）即副萼。

蔷薇科（水杨梅属、委陵菜属、蛇莓属、草莓属）、锦葵科（蜀葵属、棉属、木槿属）。

### （二十一）花有距的类群

花萼或花冠基部向外延长而成的管状或囊状突起。

毛茛科（乌头属、翠雀属、飞燕草属）、罂粟科（紫堇属）、牻牛儿苗科（天竺葵属）、凤仙花科（凤仙花属）、堇菜科（堇菜属）、兰科（大部分属）。

### （二十二）具典型雄蕊类型的类群

单体雄蕊——锦葵科，二体雄蕊——蝶形花亚科为（9）+1型或（5）+（5）型、罂粟科紫堇属为（3）+（3）型，多体雄蕊——

藤黄科、楝科，二强雄蕊——唇形科、玄参科，四强雄蕊——十字花科，聚药雄蕊——菊科、葫芦科（部分）。

### （二十三）具特征性果实的类群

连萼瘦果——菊科，颖果——禾本科，双悬果——伞形科，荚果——蝶形花亚科、含羞草亚科、苏木亚科，角果——十字花科，柑果——芸香科柑橘属，瓠果——葫芦科，梨果——蔷薇科梨亚科，蔷薇果——蔷薇科蔷薇亚科，葚果——桑科桑属，隐头果（无花果）——桑科榕属、翅果——无患子科槭属。

### （二十四）叶（苞片）上开花（花序）、结果的类群

椴树科（椴树属）、青荚叶科（青荚叶属）、百部科（百部）。

### 三、利用植物识别软件和数据库鉴定部分种类

在智能手机上安装的植物识别软件，如"形色""花伴侣""植物百科""生物智"等既可以拍照，在有网络时更能识别绝大多数园林景观植物和园艺植物，对于常见的野生植物也有较高的识别率，对部分少见的野生植物识别会有误差。

软件识别可以给物种鉴定提供有益的线索，对于不确定的种类可以通过"iPlant植物智——植物物种信息系统""中国数字植物标本馆（CVH）""PPBC（中国植物图像库）"等网络数据库快速核查，也可以通过各类植物图鉴、植物志等纸质工具书进一步确认（图2-17）。

形色　　　　　　　　　　　花伴侣

图2-17　植物识别软件和数据库

# 第三章

## 植物标本的采集、制作和保存

　　根据不同的制作方法或研究目的，植物标本分为腊叶标本（腊音"xī"，意为干肉）、浸制标本、风干标本、砂干标本以及叶脉标本等。

　　腊叶标本又称压制标本，即将新鲜的植物材料用吸水纸压制后烘干，装订在台纸上制成的植物片段或整体。腊叶标本制作简单，容易保存，最为常见。浸制标本即将新鲜的植物材料，采用化学浸渍液浸泡制成的标本，它能保持植物固有的形状，适于观察形态和解剖内部构造，多用于果实、花、鳞茎、球茎等变态器官的标本制作。

## 第一节　植物标本的采集

### 一、采集前的准备

#### （一）选择与确定采集地点

　　一般应选择植被类型发育良好、植物种类丰富、交通方便、道路安全和便于中途休息停留的采集点。有条件时可以对线路进行预查一次，以确定最佳线路。

## （二）准备采集用品和用具

### 1. 标本夹及绑带

用板条钉成长43 cm、宽30 cm的两块夹板，绑带可用尼龙绳。现有配套的标本夹及绑带产品。

### 2. 吸水纸和瓦楞纸

易于吸水的草纸或报纸，用于直接包夹标本。厚硬的瓦楞可衬托吸水纸，其内有气道，便于烘干时热气均匀快速扩散。

### 3. 采集袋

普通食品袋或大号的封口袋，用于分装单个标本。同时准备70 cm×50 cm的编织袋或塑料袋，集中盛装多个标本小袋，便于搬运。

### 4. 丁字小镐

用于挖掘草本植物的根，以保证采到带根的完整标本。

### 5. 小枝剪和高枝剪

小枝剪用以剪枝条，高枝剪用以剪高大树木上的枝条。

### 6. 放大镜

观察植物的细微特征。

### 7. 定位系统

可用全球卫星定位系统（GPS）测量海拔和经纬度。现在的智能手机都有该功能，已广泛使用。

### 8. 照相机和望远镜

拍摄植物的全形、生态环境等照片，以补充野外记录的不足；望远镜用于观察远处的植物或高大树木顶端的特征。现在的智能手机都有拍照功能。

### 9. 小纸袋

保存标本上落下来的花、果和叶。

10. 其他

如塑料广口瓶、酒精、福尔马林等。

11. 标本采集号签、野外采集记录表和定名签

（1）标本采集号签。用较硬的纸或台纸剪成4 cm×2 cm的长方形，一端穿孔，以便穿线用。采集时编好标本采集号，系在标本上（图3-1）。

**图3-1　标本采集号签**

（2）标本野外采集记录表。用以在野外采集时记录植物的产地、生境和特征。可随身携带，随时记录（图3-2）。

**吉首大学标本采集记录表**

标本采集号：_____　采集人：_____

采集日期：_____年_____月_____日

采集地点：_____省_____县_____乡_____村

　　　　　经度_____纬度_____海拔_____m

　　　　　生境：地形_____土壤_____

植被类型_____光、水类型_____

生　活　型：乔木；灌木；草本；藤本；寄附生；水生

高　　　度：_____m　胸高直径：_____cm

形　　　态：树皮_____

　　　　　叶_____

　　　　　花_____

　　　　　果_____

　　　　　根_____

　　　　　种子或孢子囊_____

中　文　名：_____俗（土）名：_____

科　　　名：_____学　　名：_____

附　　　记：_____

**图3-2　标本采集记录表**

（3）标本定名签。规格约为10 cm × 7 cm，经正式鉴定后用来定名的标签（图3-3）。

吉首大学植物标本室

标本采集号＿＿＿＿＿＿＿　科　　名＿＿＿＿＿＿＿
中　文　名＿＿＿＿＿＿＿　学　　名＿＿＿＿＿＿＿
采　集　人＿＿＿＿＿＿＿　产　　地＿＿＿＿＿＿＿
鉴　定　人＿＿＿＿＿＿＿　日　　期＿＿＿＿＿＿＿

图3-3　标本定名签

## （三）强调实习安全

出发前应进行安全防护和环境保护教育，如避免虫蛇咬伤、摔伤、迷路、溺水，不能林中用火、乱扔垃圾等。要求队员穿长衣长裤、高帮鞋、佩戴遮阳帽，严禁穿拖鞋等。

## 二、植物标本的采集方法

植物标本的采集要考虑到季节和环境的问题。不同植物生长发育和开花结果的季节有所不同，必须在相应的季节采集才可能得到符合要求的合格标本。同时，不同植物生长的环境不同，在阳坡和阴坡、林下和空旷地、地上和水体中分布的植物会有差异，因此，采集时要考虑地点，因地制宜而行。

## （一）标本采集的分工协作

为了提高标本采集效率，每个实习组又可分为四个小组：一为采集组，负责运用枝剪、镐锄等工具采集植物标本；二为记录组，负责填写采集记录表；三为软件识别鉴定组；四为整形运输组。各组相互协作，并定期轮换。

标本采集时要注意取材大小和部位合适，初步识别后应及时装入袋中并封口，以防失水分枯萎而不便于压制。野外采集记录表上的标本采集编号和标本采集号签上的编号要一致，编号应连续，不要因为地点或时间改变而另起号头。要做到随采、随记和随编，以免事后忘记或错记。对当地民众访问所获得的植物俗名、利用知识和毒性等情况也应记录和整理在资料中。

## （二）完整标本的采集

除采集植物的营养器官外，还必须采集花或种子果实。因为花、果实和种子是鉴别植物种类的重要依据，如伞形科、十字花科、禾本科等，没有花和果实是很难鉴定的。对百合科、石蒜科、天南星科等植物，在没有采到地下茎（鳞茎、块茎、根状茎等）的情况下其科属也是难以鉴定的。对于雌雄异株、异花的植物，应分别采集雌雄株和雌雄花。

## （三）草本植物标本的采集

应采集带根的全草。如发现基生叶和茎生叶不同时，还要采集基生叶。高大的草本植物采下后可折成"V"形或"N"形，再放入采集袋或标本夹内；也可以选其形态上有代表性的部分剪成上、中、下三段，编写同一采集号以备鉴定时查对。水生草本植物离开水面后容易缠成一团不易分开，如金鱼藻、水毛茛、狸藻等，可用硬纸板在水中将其拖出，连同纸板一起装入，以保持形态不乱。

## （四）木本植物标本的采集

木本植物只需采集能代表其特性的一部分植物体，即一段具有花、果实的带叶枝条，无需采根。同时拍一张植物的全形照片，以补标本的不足。对于一年生新枝和老枝具有不同叶形、颜色或被毛等的植物，幼叶和老叶都要采集。一些木本植物的树皮颜色和剥裂情况也是种类鉴别的依据，因此应剥取一块树皮附在枝叶标本上。

## （五）特殊标本的采集

### 1. 大型标本的采集

有些植物的叶片极大，如芋头、棕榈、芭蕉等，只需采集部分叶片。单叶可沿中脉的一边剪下，或剪一个裂片；复叶可采总叶轴一边的小叶，并留下叶片的顶端和基部或顶端小叶。花、果实和叶片可分开处理，但要编同一个采集号。较大的花序如向日葵的头状花序、棕榈科的花序只需采取一部分。要详细记录株高、胸径，整片叶的长、宽、裂片或小叶的数目、长短，全花序的大小等。

### 2. 寄生植物标本的采集

寄生植物（如桑寄生、列当）采集时应连同寄主植物一起采下，并分别注明寄生植物、附生植物及寄主植物的名称。

### 3. 有毒或易致过敏的植物标本的采集

采集要慎重。

### 4. 蕨类植物标本的采集

采集带有孢子囊群的叶片和营养叶，并挖取小段根状茎，防止鳞片叶脱落。

### 5. 苔藓植物标本的采集

应在孢子体尚未成熟时采集，及时放入纸袋或广口瓶暂存，以免丢失孢子体上的蒴帽。

### 6. 地衣标本的采集

应连基质一起采集。若采集不到基质，应做好记录。

## （六）标本的采集份数

一般采集2～3份，使用同一采集编号，每个标本均系上标本采集号签。珍稀、濒危、特有或具重要经济价值的植物，可在不破坏资源和环境前提下多采集几份，以供研究和交流使用。

# 第二节　植物标本的制作

不同类型的植物标本所采用的制作方法不同，本节介绍最常用的压制法和浸制法。

## 一、压制法

压制法就是将新鲜的植物标本通过加压、吸水使其干燥，然后装订在台纸上制成标本的方法。

### （一）压制

1. 压制过程

将一个标本夹置地上，上面铺一张厚硬的瓦楞纸，将大张报纸或草纸的一半铺在瓦楞纸上，按采集号将植物标本放在报纸上，再将报纸的另一半盖在标本上，每3～5份标本上面再放瓦楞纸，如此反复进行。或将4～5层吸水草纸铺在标本夹上，纸上放植物标本，再盖1～2层草纸，其上又放标本，如此重复叠放。达到一定厚度后，最后一份标本上面加盖瓦楞纸或4～5层草纸。然后将另一个标本夹放在最上面压住，分别用2条绑带或绳子将最底层和最上层的标本夹套绑起来，用力压紧并锁扣，注意两端高低要一致。

对于枝叶易脱落和肉质多浆植物，可先用开水或药水浸泡数分钟，杀死细胞后再压制。在每垛标本上标注标本号范围、采集日期和地点，以便查找（图3-4）。

图3-4　标本夹

2.标本整形

在标本压制中要注意整形。一是按台纸大小，疏去部分过多的枝叶和残破叶，但要保留分枝及叶柄，以展示本来性状。二是绝大多数叶片要正面朝上，留1～2片叶背朝上。叶片和细枝要按自然状态舒展开，不要重叠。三是较大的果实、花序、球茎、块茎、鳞茎、肥大根等，可只留一半连在植株上，用刀片切除一半不用，便于干燥。四是较长的草本植物，可折成"V"形或"N"形放入吸水纸。五是单独装有花、果实的小纸袋要一并压制。

（二）干燥

夹在瓦楞纸中的标本垛可直接架在暖风机上方烤干，通常1～2天多即可烤干标本，简便快捷。将多个标本垛放在暖风机上方，让瓦楞纸空心气道垂直于地面，热空气通过气道时可以把吸水草纸中的潮气带走。标本垛外可盖塑料布以防漏气。使用暖风机时要注意用电安全。

如无暖风机加热，可将标本垛放在阳光下晒。夹在吸水纸中自然干燥的标本要及时换纸，前几天要每天换纸1～2次，换下的纸晒干或烘干，可重复利用，7～10 d标本彻底干燥。湿标本易霉烂变黑及枝叶脱落。前两次换纸时可继续对标本整形，或调整粗大标本的部位。

### （三）装订（上台纸）（图3-5）

把白色台纸（8开白板纸或卡片纸，约39 cm×28 cm）放于桌面，把烘干的标本放在台纸上，调好位置，台纸右下角和左上角要留出粘贴标本定名签和标本采集记录表的位置。用小刀在标本适当位置的枝、叶或果实和根的两侧各划出一条约0.8 cm的小纵口，再用台纸切成的宽0.5 cm的白纸条套住标本，两端纸头分别从纵口穿过，再从台纸背面拉紧纸条并用乳胶贴牢。一个标本可根据需要用多个纸条固定。在标本不穿纸条的其他适合部位，可滴上乳胶，将标本粘牢。

从标本上脱落的叶、花、小果等，要装在小纸袋里，贴在同一标本台纸的适当地方。对于体积过小的标本（如苔藓、浮萍等），可将标本放在折叠的纸袋内，把纸袋贴在台纸中央。

将写有标本鉴定结果的标本定名签贴在台纸的右下角，将标本采集记录表贴在台纸的左上角。

图3-5　植物腊叶标本

对把握不准有疑难的标本，应拍照或寄送权威部门请专家鉴定。标本的采集号签、采集记录表和定名签要一致，最后汇编成总目录，存档。

## 二、浸制法

浸制法可将所制标本长期浸泡保存在药液中，以备教学和研究之用。基本程序是清洗—消毒—浸制—封口。

### （一）普通浸制标本保存液的配制

普通染浸制保存液的优点是标本保存时间较长，而不腐烂发霉，方法简单，缺点是标本易褪色。以下是常见的几种配方。

（1）70%酒精5 mL，蒸馏水100 mL，按比例混合使用。

（2）5~10 mL福尔马林，蒸馏水100 mL，按比例混合使用。

（3）95%酒精100 mL，甘油5~10 mL，蒸馏水195 mL，混合后使用，标本保存效果较好。

（4）3 mL亚硫酸，1 mL冰醋酸，3 mL甘油，100 mL蒸馏水。浸泡前先用70%酒精将标本浸泡消毒10 min，再用蒸馏水冲洗干净。将标本放入标本瓶内，加入配好的药液直到浸没标本。该法溶液透明不混浊，标本不变形，无异味。

### （二）原色浸制标本保存液的配制

绿色标本保存液以醋酸铜和酒精配制，绿色果实原色保存液以硫酸铜和亚硫酸配制，红色果实原色保存液以硼酸、酒精和福尔马林配制，紫色果实原色保存液以饱和精盐水和福尔马林配制，黄色果实原色保存液以亚硫酸和酒精配制，黑色、紫黑色果实原色保存液以福尔马林和酒精配制，具体配方可参照相关资料。原色浸渍标本可能有一些色素或杂质陆续析出，而使保存液变色变浊。因此，在标本制好后的两周左右，瓶口可暂时不密封，如出现变色变浊，应及时更换保存液，再密封。

## （三）浸制标本的整形

浸制标本待颜色固定后，再按原来形状将各部位连接起来，以使标本形态逼真、美观。

（1）选择大小适中的标本缸或标本瓶。整体标本以方形标本缸、果实标本以圆形标本瓶为好。标本缸或标本瓶要清洗干净。

（2）根据标本大小及标本缸高度，用玻璃刀割取长度和宽度适中的玻璃片备用。

（3）将割断的两部分标本，用白线或细竹签扎在一起，再扎牢固定在玻璃条上。

（4）将固定在玻璃条上的标本，轻放入盛有清水的标本瓶中，边观察边修整以去除不需要的部分，直到符合实际情况。

（5）配制等量的保存液置于标本瓶内，再将整形过的标本轻轻移入。保存液具有腐蚀性，操作要注意安全。

## （四）标本瓶封口

（1）透明胶带纸法。方形标本缸的盖子是一块玻璃板盖在缸口，缸口可能不平，擦拭干净后可用透明胶带纸封口。

（2）石蜡法。将石蜡切碎，放在容器内隔水加热熔化成液体状态，用毛笔涂在瓶口与瓶盖连接处。

（3）松脂、蜂蜡、石蜡混合法。1份石蜡、4份蜂蜡、1份松脂，混合隔水加热熔化后，用毛笔蘸取封口。

（4）凡士林法。用毛笔蘸取凡士林封口。

（5）封口后在缸瓶贴上标签，注明科名、种名和日期（图3-6）。

图3-6　植物浸制标本

# 第三节　植物标本的保存

## 一、腊叶标本的保存

凡经上台纸和装入纸袋的腊叶标本，正式定名后应放进标本柜中保存。标本柜每格内可放樟脑等防虫剂，以防虫蛀。

### （一）标本在标本柜内的排列方式

可按现在较为完善的分类系统，如恩格勒系统、克朗奎斯特系统等，以便整理和查找。再按科的顺序，编以固定科号，如蔷薇科

70号、豆科72号等。也可按地区排列，如某县、某自然区等。也可按拉丁字母顺序排列，即科、属、种顺序全按拉丁文的字母顺序排列，便于专家查找。

### （二）标本的防虫、防霉和消尘

腊叶标本入柜前可再次消毒。一般用等量混合的二硫化碳和四氯化碳放在敞口容器中，让其挥发。药剂和标本要一起密闭在柜中，缝隙处贴上纸条，隔三五天便可开启。平时可在标本柜里放一些樟脑精块或樟脑丸等防虫药物，柜门不要长久开启。梅雨季节标本室不要开窗，并经常开启吸湿机保持室内干燥、防止标本发霉。室内常年温度控制在23℃，湿度保持在75%左右。

若整个标本室均有虫蛀，可请专业消毒队用溴甲烷熏蒸消毒。溴甲烷有剧毒，可杀死成虫、幼虫和虫卵，熏蒸时要全封闭，注意人身安全。

## 二、浸制标本的保存

浸制标本会因阳光照射而褪色，所以标本缸和标本瓶应尽快放在阴凉避光处保存。之后最好每年更换一次保存液，即用细胶管虹吸出保存液，再沿瓶壁徐徐注入新鲜保存液。浸制植物质地较脆易脱落，平时应尽量避免震动。

# 第四章 湘西地区常见野生植物图集

## 第一节 蕨类植物

1. 石松 石松科 石松属

*Lycopodium japonicum*

茎匍匐，侧枝密集上斜，叶披针形，孢子叶阔卵形，具孢子囊穗。

2. 藤石松 石松科 藤石松属

*Lycopodiastrum casuarinoides*

主茎木质藤状，叶小，螺旋状排列，孢子枝顶端具孢子囊穗。

3. 江南卷柏 卷柏科 卷柏属

*Selaginella moellendorffii*

茎直立，背腹扁，叶二型，孢子叶穗四棱形，单生于小枝末端。

4. 卷柏 卷柏科 卷柏属

*Selaginella tamariscina*

分枝背腹扁平，叶交互排列，叶缘具锯齿。旱时卷缩，湿时展开。

5. 翠云草 卷柏科 卷柏属
***Selaginella uncinata***

主茎匍匐地面，或直立而后攀缘状，羽状分枝，叶具蓝色光泽。

6. 节节草 木贼科 木贼属
***Equisetum ramosissimum***

地上枝直立有分枝，节明显，绿色中空，鞘筒顶具孢子叶球。

7. 紫萁 紫萁科 紫萁属
***Osmunda japonica***

叶簇生，幼时拳卷被茸毛，孢子叶深棕色，小羽片线形。野菜。

8. 金毛狗蕨 金毛狗科 金毛狗属
***Cibotium barometz***

大型蕨，叶三回羽状分裂，卧生根状茎被金黄色长茸毛，形如狗。

9. 芒萁 里白科 芒萁属

*Dicranopteris pedata*

叶远生，叶柄无毛，具多对篦齿状裂片，叶背灰白色，孢子囊圆形。

10. 里白 里白科 里白属

*Diplopterygium glaucum*

一回羽片夹角对生，小羽片和裂片多对，叶背白色。

11. 乌蕨 鳞始蕨科 乌蕨属

*Odontosoria chinensis*

叶近生，四回羽状，羽片密生，孢子囊群着生于裂片边缘。

12. 扇叶铁线蕨 凤尾蕨科 铁线蕨属

*Adiantum flabellulatum*

小羽片扇形，无毛，叶柄及羽轴紫黑色，孢子囊群环生于叶缘。

### 13. 普通凤了蕨 凤尾蕨科 凤了蕨属
**_Coniogramme intermedia_**

叶二回羽状，羽片披针形，侧脉二回分叉，孢子囊群沿侧脉分布。

### 14. 凤了蕨 凤尾蕨科 凤了蕨属
**_Coniogramme japonica_**

叶二回羽状，叶柄光滑，羽片长而无毛，孢子囊群沿叶脉分布。

### 15. 井栏边草 凤尾蕨科 凤尾蕨属
**_Pteris multifida_**

叶密而簇生，能育叶狭长，有长叶柄和羽片数对，孢子囊群生边缘。

### 16. 镰羽耳蕨（镰羽贯众）
鳞毛蕨科 耳蕨属
**_Polystichum balansae_**

叶簇生，具侧生羽片多对，镰状披针形，孢子囊群遍布背面。

17. 变异鳞毛蕨　鳞毛蕨科　鳞毛蕨属
*Dryopteris varia*

　　根状茎密被褐棕色鳞片，二至三回羽状叶，革质，孢子囊群小。

18. 肾蕨　肾蕨科　肾蕨属
*Nephrolepis cordifolia*

　　匍匐茎生有块茎，叶簇生，羽片披针形，叶背有2排肾形孢子囊群。

19. 顶芽狗脊蕨　乌毛蕨科　狗脊蕨属
*Woodwardia unigemmata*

　　大型蕨，叶轴顶部着生1~2个具棕色鳞片的芽孢，胎生蕨类。

20. 海金沙　海金沙科　海金沙属
*Lygodium japonicum*

　　攀缘蕨类，羽片多数，互生，孢子囊穗着生于小羽片周边。

21. 蕨 蕨科 蕨属

*Pteridium aquilinum var. latiusculum*

根状茎横走，叶远生，三回羽状，孢子囊群沿叶缘分布。茎和幼叶可食。

22. 江南星蕨 水龙骨科 瓦韦属

*Lepisorus fortunei*

单叶线状披针形，厚纸质全缘无毛，孢子囊群沿中脉排列成2行。

23. 槲蕨 水龙骨科 槲蕨属

*Drynaria roosii*

附生岩石或树干，根状茎粗如姜，被鳞片，基生叶圆形，正常叶深羽裂。

24. 中华水龙骨 水龙骨科 棱脉蕨属

*Goniophlebium chinense*

叶奇数一回羽状，孢子囊群圆形，在羽片中脉两侧各排列成1行。

25. 盾蕨 水龙骨科 瓦韦属
*Lepisorus ovatus*

叶疏生，叶柄密被鳞片，卵状披针形渐尖，厚纸质，孢子囊群沿叶脉排列。

26. 石韦 水龙骨科 石韦属
*Pyrrosia lingua*

单叶远生于根状茎，叶革质，背面锈色，满生孢子囊群。

27. 满江红 槐叶蘋科 满江红属
*Azolla pinnata* **subsp. *asiatica***

漂浮蕨类，叶覆瓦状在茎枝排列成2行，叶肉质，绿色，秋后渐变红色。

28. 蘋 蘋科 蘋属
*Marsilea quadrifolia*

叶具4片倒三角形小叶，十字形，孢子果着生于叶柄基部。

# 第二节 裸子植物

1. 苏铁 苏铁科 苏铁属

*Cycas revoluta*

营养叶羽状深裂，雄球花长柱形，雌球花圆球形，种子红色。

2. 银杏 银杏科 银杏属

*Ginkgo biloba*

落叶乔木，叶扇形，球花雌雄异株，种子核果状，秋季叶变黄色。

3. 马尾松 松科 松属

*Pinus massoniana*

常绿乔木，叶二针一束，含松脂，球花雌雄同株，球果卵圆形。

4. 杉木 柏科 杉属

*Cunninghamia lanceolata*

常绿乔木，叶常呈2列状，披针形尖锐，球花雌雄同株，球果卵圆形。

5. 水杉 柏科 水杉属

**_Metasequoia glyptostroboides_**

　　线形叶排列成羽毛状，冬季变黄色，与小枝同落，雌雄同株，球果。

6. 柏木 柏科 柏木属

**_Cupressus funebris_**

　　小枝细长下垂，排成平面，鳞叶二型，单性同株，球果开裂。

7. 刺柏 柏科 刺柏属

**_Juniperus formosana_**

　　树冠塔形，叶条状刺形，3叶轮生，球果卵圆形，肉质不裂。

8. 圆柏（桧柏） 柏科 刺柏属

**_Juniperus chinensis_**

　　叶二型，幼树3刺叶轮生，老树鳞叶，壮龄树兼具，球果肉质不裂。

### 9. 罗汉松 罗汉松科 罗汉松属
#### *Podocarpus macrophyllus*

叶线状披针形，球花单性异株，肉质红色种托上有卵圆形种子。

### 10. 竹柏 罗汉松科 竹柏属
#### *Nageia nagi*

常绿乔木，叶对生，平行脉，雄球花穗状，种子核果状球形。

### 11. 三尖杉 红豆杉科 三尖杉属
#### *Cephalotaxus fortunei*

枝细长，叶2列，披针状线形，种子椭圆形，假种皮紫红色。

### 12. 南方红豆杉 红豆杉科 红豆杉属
#### *Taxus wallichiana* var. *mairei*

叶2列，革质，雄球花淡黄色，种子生于红色杯状肉质假种皮中。

# 第三节 单子叶植物

1. 金钱蒲 菖蒲科 菖蒲属
   *Acorus gramineus*

   湿生，根状茎横走，叶基生，剑形，肉穗花序和浆果黄绿色。

2. 灯台莲 天南星科 天南星属
   *Arisaema bockii*

   块茎扁球形，叶柄短，鸟足状复叶宽，具紫色佛焰苞，浆果。

3. 一把伞南星 天南星科 天南星属
   *Arisaema erubescens*

   块茎球形，叶柄长，具多枚放射状分裂叶裂片，肉穗花序，浆果。

4. 野芋 天南星科 芋属
   *Colocasia antiquorum*

   块茎球形，叶柄直立肥厚，叶片大，佛焰苞黄色，浆果红色。

5. 大野芋（广菜） 天南星科 大野芋属
*Leucocasia gigantea*

根茎小，叶丛生，叶宽大，叶柄可食，肉穗花序奶黄色，浆果。

6. 芋 天南星科 芋属
*Colocasia esculenta*

球茎卵形，可食，叶柄长于叶片，佛焰苞淡黄色至绿白色。

7. 半夏 天南星科 半夏属
*Pinellia ternata*

具球形块茎和珠芽，复叶具3小叶，佛焰苞绿色，浆果红色。有毒。

8. 薯蓣（山药） 薯蓣科 薯蓣属
*Dioscorea polystachya*

藤本，具地下块茎和叶腋珠芽，叶近三角形，蒴果3翅。

9. 大百部 百部科 百部属
*Stemona tuberosa*

攀缘藤本，纺锤状块根多数，叶对生，花被片黄绿色，蒴果。

10. 华重楼（七叶一枝花） 藜芦科
重楼属
*Paris polyphylla* var. *chinensis*

根状茎肥粗，茎淡红色，7叶轮生，外轮花被片叶状，蒴果，种子红色。

11. 菝葜 菝葜科 菝葜属
*Smilax china*

攀附藤本，茎具卷须和刺，具根状茎，伞形花序，浆果。

12. 百合 百合科 百合属
*Lilium brownii* var. *viridulum*

多年生草本，具地下鳞茎，叶腋具小鳞茎，白花喇叭形，蒴果。

### 13. 黄花油点草 百合科 油点草属
**Tricyrtis pilosa**

　　根状茎短，叶卵状椭圆形，二歧聚伞花序，花被片具紫色斑点，蒴果。

### 14. 卷丹 百合科 百合属
**Lilium lancifolium**

　　具鳞茎和小鳞茎，花被片橙红色具黑斑点，反卷，蒴果。

### 15. 春兰 兰科 兰属
**Cymbidium goeringii**

　　假鳞茎集生成丛，肉质根粗壮，叶狭带形，花单生，浅绿色，有香气。

### 16. 黄花鹤顶兰 兰科 鹤顶兰属
**Phaius flavus**

　　假鳞茎卵状圆锥形，叶宽披针形，总状花序，花黄色，上举。

17. 白及 兰科 白及属

*Bletilla striata*

　　具球根，叶披针形，叶脉明显，花多而较大，紫红色至粉红色。

18. 罗河石斛 兰科 石斛属

*Dendrobium lohohense*

　　附生，茎圆形直立，具节和纵棱，叶2列，单花黄色，蒴果。

19. 独蒜兰 兰科 独蒜兰属

*Pleione bulbocodioides*

　　半附生，花葶从无叶假鳞茎抽出，花淡紫色，唇瓣具色斑。

20. 蝴蝶花 鸢尾科 鸢尾属

*Iris japonica*

　　具根状茎，叶基生，剑形，总状聚伞花序，花淡紫色至蓝紫色，蒴果。

21. 射干 鸢尾科 射干属
**Belamcanda chinensis**

叶剑形，基部鞘状抱茎，花橙红色散生紫褐色斑点，蒴果。

22. 鸢尾 鸢尾科 鸢尾属
**Iris tectorum**

根状茎粗壮，叶宽剑形，2轮花被片各3，蓝紫色，蒴果。

23. 萱草 阿福花科 萱草属
**Hemerocallis fulva**

叶条状披针形，花被片橘红黄色，蒴果。中国母亲花。

24. 薤白（小根蒜） 石蒜科 葱属
**Allium macrostemon**

具近球形鳞茎，叶长，半圆柱形，花和珠芽淡红色。野菜。

25. 石蒜 石蒜科 石蒜属
*Lycoris radiata*

鳞茎卵球形，叶条形，红色花在叶前抽出，花丝、花柱长。

26. 忽地笑 石蒜科 石蒜属
*Lycoris aurea*

鳞茎卵形，夏季开黄色花，蒴果三棱形，剑形叶秋季抽出。

27. 天门冬 天门冬科 天门冬属
*Asparagus cochinchinensis*

攀缘藤本，肉质块根簇生，具叶状枝，叶退化，浆果红色。

28. 麦冬 天门冬科 沿阶草属
*Ophiopogon japonicus*

茎短，叶基生成丛，具纺锤状块根，花紫色，浆果蓝色。

29. 多花黄精 天门冬科 黄精属
*Polygonatum cyrtonema*

　　叶互生，长圆状披针形，具肥厚根状茎，花黄绿色，浆果。

30. 蜘蛛抱蛋 天门冬科 蜘蛛抱蛋属
*Aspidistra elatior*

　　具根状茎，叶矩圆状披针形，花近地生，钟形，紫红色，浆果。

31. 鸭跖草 鸭跖草科 鸭跖草属
*Commelina communis*

　　茎匍匐生根，叶披针形，萼片半月形，花蓝色，蒴果。

32. 山姜 姜科 山姜属
*Alpinia japonica*

　　具根状茎，叶披针形，花唇瓣卵形，白色具红色脉纹，蒴果红色。

33. 蘘荷 姜科 姜属

*Zingiber mioga*

高大草本，大叶披针形，地面花芽肥壮，幼时作蔬菜。

34. 香蒲 香蒲科 香蒲属

*Typha orientalis*

水生或沼生，叶条形，花序上雄下雌连接，果序黄色蜡烛状，被毛。

35. 野灯芯草 灯芯草科 灯芯草属

*Juncus setchuensis*

丛生草本，茎直立，细长，圆柱形，髓白色，叶片退化，聚伞花序。

36. 碎米莎草 莎草科 莎草属

*Cyperus iria*

无根状茎，秆丛生，三棱形，叶线状，穗状花序，小坚果。

**37. 香附子 莎草科 莎草属**

***Cyperus rotundus***

具根状茎, 秆三棱形, 小穗棕色, 花柱长而白色, 小坚果。

**38. 十字薹草 莎草科 薹草属**

***Carex cruciata***

秆丛生, 三棱形, 叶基生和秆生, 圆锥花序, 小坚果三棱形。

**39. 短叶水蜈蚣 莎草科 水蜈蚣属**

***Kyllinga brevifolia***

秆三棱形, 丛生, 叶短于秆, 叶鞘抱茎, 头状花序, 花柱细长, 坚果卵形。

**40. 棕叶狗尾草 禾本科 狗尾草属**

***Setaria palmifolia***

秆直立, 叶纺锤状宽披针形, 叶脉明显, 圆锥花序, 颖果。

41. 狼尾草 禾本科 狼尾草属

   *Pennisetum alopecuroides*

   多年生草本，秆直立，丛生，叶和圆锥花序比狗尾草粗壮，颖果具长芒。

42. 大白茅（丝茅） 禾本科 白茅属

   *Imperata cylindrica* **var.** *major*

   具长根状茎，叶基生，线形，花穗上密被白色柔毛，颖果。

43. 牛筋草 禾本科 穇属

   *Eleusine indica*

   秆基部倾斜，叶鞘压扁，数个穗状花序指状着生于秆顶端。

44. 狗牙根 禾本科 狗牙根属

   *Cynodon dactylon*

   秆下部匍匐地面，无毛，紫色，叶线形，穗状花序，颖果。

45. 薏苡 禾本科 薏苡属
*Coix lacryma-jobi*

秆直立，丛生，总状花序腋生，雌小穗外有骨质念珠状总苞。

46. 马唐 禾本科 马唐属
*Digitaria sanguinalis*

秆下部倾斜，膝曲上升，叶鞘短于节间，总状花序指状排列。

47. 芒（芭茅） 禾本科 芒属
*Miscanthus sinensis*

秆直立，叶线形，具锯齿，圆锥花序长，花白色，颖果。

48. 斑茅 禾本科 甘蔗属
*Saccharum arundinaceum*

秆粗壮，丛生，无毛，叶鞘被密柔毛，叶具粗锯齿，大型圆锥花序。

### 49. 看麦娘 禾本科 看麦娘属
**Alopecurus aequalis**

　　秆细瘦光滑，叶鞘光滑，圆锥花序圆柱状，花药橙黄色，颖果小。

### 50. 稗 禾本科 稗属
**Echinochloa crusgalli**

　　秆光滑无毛，叶线形，边缘粗糙，圆锥花序直立，颖果。田间杂草。

### 51. 菅 禾本科 菅属
**Themeda villosa**

　　秆高大光滑，实心，多回复出大型伪圆锥花序，颖果栗褐色。

### 52. 芦竹 禾本科 芦竹属
**Arundo donax**

　　根状茎发达，秆高大，多分枝，线形叶肥厚，大型圆锥花序，颖果。

### 53. 筷竹　禾本科　刚竹属
#### *Phyllostachys nidularia*

乔木状竹，秆最大如笛，带状披针形叶下倾，春笋可食。

### 54. 湖南箬竹　禾本科　箬竹属
#### *Indocalamus hunanensis*

丛生小型竹，新秆被短茸毛，叶鞘硬，叶宽大，可包粽子等。

### 55. 箬叶竹　禾本科　箬竹属
#### *Indocalamus longiauritus*

丛生小型竹，秆暗绿色，被白毛，叶比箬竹叶短而窄尖，笋可食。

### 56. 孝顺竹　禾本科　簕竹属
#### *Bambusa multiple*

小型丛生竹，分枝低，节生多数枝，半轮生，枝生叶10余枚，凤尾状。

# 第四节　双子叶植物

1. 红花八角　五味子科　八角属
*Illicium majus*

　　叶密生近枝顶端，革质全缘，花红色，蓇葖果超10枚，种子褐色。

2. 异形南五味子　五味子科　南五味子属
*Kadsura heteroclita*

　　藤本，雌雄异株，花白色至淡黄色，红色球形聚合果由小浆果组成。

3. 南五味子　五味子科　南五味子属
*Kadsura longipedunculata*

　　藤本，雌雄异株，花白色至淡黄色，红色聚合果球形，浆果干时显种子。

4. 翼梗五味子　五味子科　五味子属
*Schisandra henryi*

　　藤本，小枝具翅棱，被白粉，雌雄同株，花黄色，聚合果长。

5. 蕺菜（鱼腥草） 三白草科 蕺菜属
*Houttuynia cordata*

　　具根状茎，叶心形，叶背常紫色，花苞片4，白色，全株有腥味。野菜。

6. 宝兴关木通 马兜铃科 关木通属
*Isotrema moupinense*

　　茎具纵棱，叶心形，花被筒膝状弯曲，檐部黄色具紫色斑，蒴果。

7. 厚朴 木兰科 厚朴属
*Houpoea officinalis*

　　枝有托叶痕，叶大先端凹缺成2浅裂，花白色，聚合蓇葖果。

8. 鹅掌楸（马褂木） 木兰科 鹅掌楸属
*Liriodendron chinense*

　　叶柄长，叶马褂形，花杯状，绿色，花被片9，聚合小坚果。

9. 深山含笑 木兰科 含笑属
*Michelia maudiae*

　　叶革质，被白粉，宽椭圆形，花单生于枝梢，白色，芳香，聚合蓇葖果。

10. 武当玉兰 木兰科 玉兰属
*Yulania sprengeri*

　　先花后叶，花玫瑰红色，叶倒卵形，先端骤尖，聚合果圆柱形。

11. 山胡椒 樟科 山胡椒属
*Lindera glauca*

　　叶枯黄不落，伞形花序，花黄色，果实球形，黑褐色，全株芳香。

12. 黑壳楠 樟科 山胡椒属
*Lindera megaphylla*

　　顶芽大，叶具光泽，伞形花序多花，花黄绿色，果实卵圆形，黑色，有果托。

### 13. 山橿 樟科 山胡椒属
**_Lindera reflexa_**

叶长卵形，先端渐尖，伞形花序，花黄色，核果，红色，全株芳香。

### 14. 山鸡椒 樟科 木姜子属
**_Litsea cubeba_**

叶长椭圆形，纸质，伞形花序簇生，花黄绿色，果实黑色，全株芳香。

### 15. 宜昌润楠 樟科 润楠属
**_Machilus ichangensis_**

叶长圆状倒披针形，圆锥花序着生于新枝基部，花白色，果实黑色。

### 16. 细叶楠 樟科 楠属
**_Phoebe hui_**

叶椭圆状披针形，圆锥花序着生于新枝上部，果实椭圆形，黑色，宿存花被片。

17. 湘楠 樟科 楠属
**_Phoebe hunanensis_**

叶倒宽披针形，花小，黄色，果实卵圆形，黑色，宿存花被片具纵脉。

18. 檫木 樟科 檫木属
**_Sassafras tzumu_**

叶先端3裂，花序梗密被柔毛，花黄白色，果实蓝黑色，果托明显。

19. 及己 金粟兰科 金粟兰属
**_Chloranthus serratus_**

茎具节，4叶对生于茎顶端，穗状花序顶生，花白色，核果球形。

20. 草珊瑚 金粟兰科 草珊瑚属
**_Sarcandra glabra_**

茎节膨大，叶革质，具锯齿，花序苞片三角形，花黄绿色，核果红色。

21. 夏天无　罂粟科　紫堇属
**Corydalis decumbens**

　　具块茎，叶二回三出，总状花序，花淡粉红色，有距，蒴果线形。

22. 小花黄堇　罂粟科　紫堇属
**Corydalis racemosa**

　　枝、叶对生，叶二回羽状全裂，花黄色，有距，蒴果线形，全株有臭味。

23. 地锦苗（尖距紫堇）　罂粟科　紫堇属
**Corydalis sheareri**

　　叶二回羽状全裂，花葶浅紫色，花紫红色，有距，蒴果狭圆柱形。

24. 博落回　罂粟科　博落回属
**Macleaya cordata**

　　茎光滑中空，叶宽卵形，有裂片，汁液棕黄色，圆锥花序，蒴果扁长。

### 25. 血水草 罂粟科 血水草属
*Eomecon chinonantha*

全株无毛，汁液红黄色，叶心形，花白色，花药黄色，蒴果。

### 26. 白木通 木通科 木通属
*Akebia trifoliata* subsp. *australis*

木质藤本，小叶3，全缘，总状花序下垂，紫色，浆果成熟时开裂。

### 27. 三叶木通 木通科 木通属
*Akebia trifoliata*

木质藤本，小叶3，叶缘具波状齿，雌雄花同序，紫色，浆果成熟时开裂。

### 28. 尾叶拉藤 木通科 野木瓜属
*Stauntonia obovatifoliola* subsp. *urophylla*

常绿藤本，掌状复叶，具5~7小叶，花筒状，浆果成熟时不裂。

71

29. 大血藤 木通科 大血藤属

**Sargentodoxa cuneata**

落叶木质藤本，三出复叶，具长柄，总状花序，小浆果构成聚合果。

30. 金线吊乌龟 防己科 千金藤属

**Stephania cepharantha**

藤本，具块根，小枝紫红色，叶近圆形，头状花序，核果红色。

31. 细圆藤 防己科 细圆藤属

**Pericampylus glaucus**

藤本，叶三角状近圆形，聚伞花序，花小，白色，浆果紫红色。

32. 八角莲 小檗科 鬼臼属

**Dysosma versipellis**

具根状茎，茎不分枝，叶近圆形，有数浅裂片，花深红色，下垂，浆果。

## 33. 豪猪刺 小檗科 小檗属
**Berberis julianae**

　　幼枝具条棱，茎刺三分叉，叶缘具刺齿，花黄色，簇生，浆果蓝黑色。

## 34. 台湾十大功劳 小檗科 十大功劳属
**Mahonia japonica**

　　常绿灌木，复叶革质，小叶成对，具刺，总状花序下垂，花黄色，浆果卵形。

## 35. 南天竹 小檗科 南天竹属
**Nandina domestica**

　　常绿灌木，二至三回羽状复叶，大型圆锥花序，花白色，浆果红色。

## 36. 保靖淫羊藿 小檗科 淫羊藿属
**Epimedium baojingense**

　　具根状茎，叶革质，基生和茎生，叶形偏斜，花淡黄色，蒴果。

37.黔岭淫羊藿 小檗科 淫羊藿属

*Epimedium leptorrhizum*

　　具根状茎，一回三出复叶，基生或茎生，叶偏斜，花大，淡红色，蒴果。

38.扬子毛茛 毛茛科 毛茛属

*Ranunculus sieboldii*

　　茎、叶多毛，三出复叶，具粗锯齿，花黄色，聚合瘦果圆球形。

39.打破碗花花 毛茛科 银莲花属

*Anemone hupehensis*

　　具根状茎，三出复叶，基生，萼片5，紫红色，聚合瘦果球形，被绵毛。

40.锈毛铁线莲 毛茛科 铁线莲属

*Clematis leschenaultiana*

　　藤本，三出复叶，聚伞花序，萼片4，黄色，瘦果，花、果实均被毛。

41. 钝齿铁线莲 毛茛科 铁线莲属
*Clematis apiifolia* var. *argentilucida*

　　藤本，三出复叶，具粗锯齿，聚伞花序，萼片4，白色，瘦果。

42. 小木通 毛茛科 铁线莲属
*Clematis armandii*

　　小枝有棱，三出复叶，革质，聚伞花序，萼片4，白色，瘦果。

43. 乌头 毛茛科 乌头属
*Aconitum carmichaelii*

　　具块根，叶3裂近基部，总状花序，萼片蓝紫色，有距，蓇葖果。有毒。

44. 卵瓣还亮草 毛茛科 翠雀属
*Delphinium anthriscifolium* var. *savatieri*

　　叶二至三回羽状全裂，花形如飞燕，萼片深蓝色，有距，蓇葖果。

**45. 大花还亮草 毛茛科 翠雀属**

*Delphinium anthriscifolium var. majus*

多年生草本，二至三回近羽状复叶，花紫色，长2～3 cm，有距，蓇葖果。

**46. 华东唐松草 毛茛科 唐松草属**

*Thalictrum fortunei*

二至三回三出复叶，基生叶具长柄和圆齿，白色萼片4，瘦果。

**47. 人字果 毛茛科 人字果属**

*Dichocarpum sutchuenense*

具根状茎，鸟足状复叶，白色萼片5，金黄色花瓣5，极小，蓇葖果。

**48. 柔毛泡花树 清风藤科 泡花树属**

*Meliosma myriantha var. pilosa*

单叶，叶缘中部以上具锯齿，圆锥花序顶生直立，核果球形。

49. 枫香树 蕈树科 枫香树属
*Liquidambar formosana*

叶掌状3裂，秋季变红色，头状果序圆球形，蒴果木质，具刺状萼齿。

50. 檵木 金缕梅科 檵木属
*Loropetalum chinense*

小枝被星毛，花3～8朵，簇生，白色花瓣条带状，蒴果具萼筒环。

51. 虎耳草 虎耳草科 虎耳草属
*Saxifraga stolonifera*

匍匐枝细长，基生叶扁圆形，3花瓣小而具斑，2花瓣大而白色，花柱2。

52. 落新妇 虎耳草科 落新妇属
*Astilbe chinensis*

二至三回三出羽状复叶，圆锥花序，花密集，淡紫色，蒴果。

## 53. 黄水枝 虎耳草科 黄水枝属
### *Tiarella polyphylla*

茎密被毛，叶掌状浅裂，花萼浅红色，无花瓣，黄色心皮不等大，蓇葖果。

## 54. 佛甲草 景天科 景天属
### *Sedum lineare*

肉质叶长线形，多3叶轮生，无叶柄，聚伞花序，披针形花瓣5，黄色。

## 55. 日本景天 景天科 景天属
### *Sedum uniflortum* var. *japonicum*

肉质叶，互生，线状匙形，聚伞花序，三歧分枝，花瓣5，黄色。

## 56. 垂盆草 景天科 景天属
### *Sedum sarmentosum*

肉质叶，3叶轮生，基部骤窄，聚伞花序，3~5分枝，花瓣5，黄色。

57. 蛇葡萄 葡萄科 蛇葡萄属
*Ampelopsis glandulosa*

　　木质藤本，单叶3浅裂，复二歧聚伞花序，浆果近球形，颜色多变。

58. 大齿牛果藤（显齿蛇葡萄）
　　葡萄科 牛果藤属
*Nekemias grossedentata*

　　藤本，一至二回羽状复叶，具粗锯齿，花盘发达。嫩茎、叶制茶。

59. 异果拟乌蔹莓 葡萄科 乌蔹莓属
*Pseudocayratia dichromocarpa*

　　藤本，卷须3叉，鸟足状复叶，具5小叶，伞房状多歧聚伞花序，浆果。

60. 乌蔹莓 葡萄科 乌蔹莓属
*Causonis japonica*

　　藤本，卷须分叉，鸟足状复叶，具5小叶，复二歧聚伞花序，浆果。

61. 绿叶地锦 葡萄科 地锦属
**Parthenocissus laetevirens**

　　藤本，掌状复叶，具5小叶，卷须先端扩为吸盘，嫩芽淡红色，秋叶红色。

62. 野大豆 豆科 大豆属
**Glycine soja**

　　藤本，叶具3小叶，总状花序，蝶形花冠淡紫红色或白色，荚果。

63. 紫云英 豆科 黄芪属
**Astragalus sinicus**

　　奇数羽状复叶，纸质，总状花序，花朵5~10，花紫红色，荚果成熟时黑色。

64. 云实 豆科 云实属
**Biancaea decapetala**

　　二回羽状复叶，全株具钩刺，总状花序顶生，蝶形花黄色，荚果。

65. 黄花决明 豆科 决明属
*Senna surattensis*

　　小枝有肋条，羽状复叶，总状花序，蝶形花冠黄色，荚果长带形，开裂。

66. 粉叶首冠藤 豆科 首冠藤属
*Cheniella glauca*

　　木质藤本，单叶近圆形，先端2裂如羊蹄，花白色或淡粉色，荚果。

67. 香槐 豆科 香槐属
*Cladrastis wilsonii*

　　奇数羽状复叶，小叶3~4对，圆锥花序，花白色或淡粉色，荚果。

68. 中南鱼藤 豆科 鱼藤属
*Derris fordii*

　　攀缘灌木，羽状复叶光滑，圆锥花序，花白色，荚果具腹缝翅。

## 69. 皂荚 豆科 皂荚属
### *Gleditsia sinensis*

茎具刺，刺常分枝，一回羽状复叶，花黄白色，荚果带状，肥厚。

## 70. 河北木蓝 豆科 木蓝属
### *Indigofera bungeana*

羽状复叶，小叶2～4对，总状花序，腋生，花紫红色，荚果。

## 71. 草木樨 豆科 木樨属
### *Melilotus officinalis*

羽状三出复叶，总状花序，蝶形花冠黄色，荚果，含种子1～2粒。

## 72. 香花鸡血藤 豆科 鸡血藤属
### *Callerya dielsiana*

藤木，羽状复叶，具5小叶，圆锥花序，花紫红色，旗瓣被毛，荚果。

## 73. 油麻藤 豆科 油麻藤属

### *Mucuna sempervirens*

藤本，三出羽状复叶，总状花序，花深紫色，有臭味，荚果带形。

## 74. 菱叶鹿藿 豆科 鹿藿属

### *Rhynchosia dielsii*

藤本，三出羽状复叶，中叶菱状卵形，花黄色，荚果扁平，红紫色。

## 75. 苦参 豆科 苦参属

### *Sophora flavescens*

草本，羽状复叶，总状花序，顶生，蝶形花冠白色至淡黄色，荚果线形。

## 76. 葛 豆科 葛属

### *Pueraria montana var. lobata*

藤本，全株被毛，粗大块根可食，三出复叶，蝶形花冠紫色，荚果。

77. 鸡眼草 豆科 鸡眼草属
**Kummerowia striata**

　　平卧小草本，三出羽状复叶，叶脉明显，蝶形花冠红色，荚果。

78. 瓦子草（波叶山蚂蝗） 豆科
瓦子草属
**Puhuaea sequax**

　　三出复叶，总状花序，花紫色，念珠状荚果密被钩状毛，易附着衣物。

79. 望江南 豆科 决明属
**Senna occidentalis**

　　灌木，枝具棱，羽状复叶，具4～5对小叶，蝶形花冠黄色，长荚果。

80. 大叶胡枝子 豆科 胡枝子属
**Lespedeza davidii**

　　叶具3小叶，被毛，总状花序，蝶形花冠红紫色，荚果卵形。

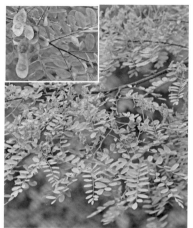

81. 合萌 豆科 合萌属

**Aeschynomene indica**

　　羽状复叶，具21～41小叶，总状花序，蝶形花冠黄色，荚果扁长形。

82. 秧青 豆科 黄檀属

**Dalbergia assamica**

　　羽状复叶，圆锥花序腋生，蝶形花冠白色，荚果舌状或长圆形。

83. 合欢 豆科 合欢属

**Albizia julibrissin**

　　二回羽状复叶，头状花序于枝顶端排列成圆锥花序，花粉红色，荚果带状。

84. 银合欢 豆科 银合欢属

**Leucaena leucocephala**

　　二回羽状复叶，小叶密，头状花序，常1～2腋生，花白色，荚果带状。

## 85. 龙牙草 蔷薇科 龙芽草属
### *Agrimonia pilosa*

奇数羽状复叶，小叶具锯齿，穗状总状花序，花黄色，瘦果具刺。

## 86. 皱叶柳叶枸子 蔷薇科 枸子属
### *Cotoneaster salicifolius* var. *rugosus*

叶具皱纹，叶脉突出，叶边反卷，复聚伞花序，花白色，梨果红色。

## 87. 匍匐枸子 蔷薇科 枸子属
### *Cotoneaster adpressus*

灌木，茎平铺地上，叶小全缘，花单生，花瓣5，白色，梨果红色。

## 88. 蛇莓 蔷薇科 蛇莓属
### *Duchesnea indica*

具匍匐茎，复叶具3小叶，花黄色，聚合瘦果鲜红色，具宿萼。

89. 棣棠 蔷薇科 棣棠属
**Kerria japonica**

小枝绿色，常拱垂，叶互生，无毛，单花，金黄色，瘦果具宿萼。

90. 中华绣线梅 蔷薇科 绣线梅属
**Neillia sinensis**

叶卵状长圆形，具重锯齿，总状花序，花淡粉色，蓇葖果被腺毛。

91. 椤木石楠 蔷薇科 石楠属
**Photinia bodinieri**

幼枝黄红色，具刺，叶革质，复伞房花序，花白色，果实黄红色。

92. 中华石楠 蔷薇科 石楠属
**Photinia beauverdiana**

叶薄纸质，复伞房花序，花白色，梨果卵圆形，紫红色，具宿萼。

93. 华中樱桃 蔷薇科 李属
***Prunus conradinae***

　　叶倒卵状长椭圆形，伞形花序先叶开
放，花白色或粉红色，核果红色。

94. 尾叶樱桃 蔷薇科 李属
***Prunus dielsiana***

　　叶尾尖长，伞形花序先叶开放，花粉红
色，核果红色。

95. 火棘 蔷薇科 火棘属
***Pyracantha fortuneana***

　　枝顶端刺状，叶革质，复伞房花序，花
白色，梨果红色，可食。

96. 石斑木 蔷薇科 石斑木属
***Rhaphiolepis indica***

　　叶集生于枝顶端，革质，圆锥花序，花
白色或淡红色，梨果紫黑色。

## 97. 小果蔷薇 蔷薇科 蔷薇属
### *Rosa cymosa*

枝具皮刺，羽状复叶，复伞房花序，花白色，蔷薇果红黑色。

## 98. 软条七蔷薇 蔷薇科 蔷薇属
### *Rosa henryi*

枝具皮刺，羽状复叶，伞房状花序，花白色，先端微凹，蔷薇果。

## 99. 粉团蔷薇 蔷薇科 蔷薇属
### *Rosa multiflora* var. *cathayensis*

枝具皮刺，羽状复叶，圆锥花序，花单瓣，粉白色，蔷薇果红褐色。

## 100. 金樱子 蔷薇科 蔷薇属
### *Rosa laevigata*

枝具皮刺，3小叶，花白色，蔷薇果倒卵形，紫褐色，被刺毛。

101. 缫丝花（刺梨） 蔷薇科 蔷薇属
*Rosa roxburghii*

　　枝具皮刺，羽状复叶，花粉红色，微香，蔷薇果扁球形，具刺。

102. 腺毛莓 蔷薇科 悬钩子属
*Rubus adenophorus*

　　枝具皮刺，小叶3，被毛，总状花序，花被腺毛，紫红色，聚合果红色。

103. 毛萼莓 蔷薇科 悬钩子属
*Rubus chroosepalus*

　　枝具皮刺，单叶，圆锥花序，花萼红色，被毛，无花瓣，果实黑色。

104. 山莓（三月泡） 蔷薇科 悬钩子属
*Rubus corchorifolius*

　　枝具皮刺，单叶，花单生，花萼被柔毛，花白色，聚合果可食。

## 105. 大红泡（空心泡） 蔷薇科
悬钩子属
### *Rubus eustephanos*

枝具棱和皮刺，小叶3～5，花萼反折，花白色，聚合果红色，可食。

## 106. 灰毛泡 蔷薇科 悬钩子属
### *Rubus irenaeus*

枝被灰毛，具皮刺，单叶近圆形，花萼反折，花白色，果实红色。

## 107. 红腺悬钩子 蔷薇科 悬钩子属
### *Rubus sumatranus*

株具皮刺，被腺毛，小叶5～7，花白色，果实长圆形，橘红色，可食。

## 108. 高粱泡 蔷薇科 悬钩子属
### *Rubus lambertianus*

枝青色，具皮刺，单叶，圆锥花序顶生，果实小而密集，红色，可食。

109. 插田泡（龙船泡） 蔷薇科
悬钩子属

***Rubus coreanus***

　　枝红褐色，被白粉，具皮刺，小叶常
5，伞房花序，花紫红色，果实可食。

110. 灰白毛莓（乌泡） 蔷薇科
悬钩子属

***Rubus tephrodes***

　　枝具皮刺，被灰白色毛，单叶近圆形，
圆锥花序，花白色，果实紫黑色。

111. 木莓 蔷薇科 悬钩子属

***Rubus swinhoei***

　　茎细，具皮刺，单叶，总状花序，花白
色，果实成熟时紫黑色，可食。

112. 石灰花楸 蔷薇科 花楸属

***Sorbus folgneri***

　　叶椭圆卵形，叶背灰白色，复伞房花
序，花白色，果实红色。

113. 光叶粉花绣线菊 蔷薇科 绣线菊属
*Spiraea japonica* var. *fortunei*

　　枝条细长，叶具细齿，叶背被白霜，复伞房花序，花粉红色，蓇葖果。

114. 中华绣线菊 蔷薇科 绣线菊属
*Spiraea chinensis*

　　叶菱状卵形，具粗齿，叶背被黄茸毛，伞形花序，花白色，蓇葖果。

115. 疏毛绣线菊 蔷薇科 绣线菊属
*Spiraea hirsuta*

　　枝稍呈"之"字形弯曲，叶脉明显，伞形花序，萼筒钟状，花白色，蓇葖果。

116. 毛萼红果树 蔷薇科 红果树属
*Stranvaesia amphidoxa*

　　小枝具棱条，叶背褐黄色，伞房花序，花白色，梨果红黄色。

117. 胡颓子 胡颓子科 胡颓子属
**Elaeagnus pungens**

　　枝具刺，叶背具银白色鳞片，漏斗状萼筒，花白色，核果红色，可食。

118. 牯岭勾儿茶 鼠李科 勾儿茶属
**Berchemia kulingensis**

　　叶纸质，互生，无毛，疏散聚伞总状花序，花绿白色，核果黑色，可食。

119. 枳椇（拐枣）鼠李科 枳椇属
**Hovenia acerba**

　　叶互生，聚伞圆锥花序，花白色，核果，果序轴肉质膨大，可食。

120. 马甲子 鼠李科 马甲子属
**Paliurus ramosissimus**

　　枝具刺，叶互生，三出脉，聚伞花序，花绿白色，核果具窄翅。

121. 冻绿 鼠李科 鼠李属

*Rhamnus utilis*

枝对生，枝端具刺，叶对生，雌雄异株，花绿色，4基数，核果黑色。

122. 多脉榆 榆科 榆属

*Ulmus castaneifolia*

叶互生，叶脉明显，簇状聚伞花序，花黄绿色，翅果长圆状倒卵形。

123. 榉树 榆科 榉属

*Zelkova serrata*

叶互生，具7~14对侧脉，雌雄同株，花绿色，核果淡绿色，斜圆锥形。

124. 糙叶树 大麻科 糙叶树属

*Aphananthe aspera*

树皮和叶粗糙，叶纸质，三出脉，雌雄同株，花绿色，核果黑色。

95

## 125. 紫弹树 大麻科 朴属
### *Celtis biondii*

　　幼枝被柔毛，叶粗糙，花小，杂性同株，果实橘红色，近球形。

## 126. 楮构 桑科 构属
### *Broussonetia×kazinoki*

　　灌木，花雌雄同株，球形头状花序，被柔毛，聚花果球形，红色。

## 127. 构 桑科 构属
### *Broussonetia papyrifera*

　　乔木，小枝被毛，三出脉，雌雄异株，雌花序头状，聚花果橙红色。

## 128. 异叶榕 桑科 榕属
### *Ficus heteromorpha*

　　叶琴形、椭圆形至披针形，叶脉红色，有汁液，榕果紫黑色。

## 129. 岩木瓜 桑科 榕属
### *Ficus tsiangii*

全株有汁液，叶螺旋着生，粗糙，榕果簇生，卵圆形，成熟时黄红色。

## 130. 竹叶榕 桑科 榕属
### *Ficus stenophylla*

全株有汁液，叶线状披针形，榕果椭圆状球形，成熟时红色，可食。

## 131. 薜荔（凉粉果） 桑科 榕属
### *Ficus pumila*

藤本有汁液，叶二型，雌花榕果大，近球形，平顶。可制作"凉粉"。

## 132. 珍珠莲 桑科 榕属
### *Ficus sarmentosa* var. *henryi*

藤本有汁液，幼枝和叶背密被褐色柔毛，榕果圆锥形，苞片突出。

133. 地果（地枇杷） 桑科 榕属

***Ficus tikoua***

　　匍匐藤本，有汁液，单叶，榕果埋于土中，红色，卵球形，具瘤点，可食。

134. 柘树 桑科 橙桑属

***Maclura tricuspidata***

　　枝具刺，单叶，雌雄花序均头状，聚花果，肉质，橘红色，可食。

135. 水麻 荨麻科 水麻属

***Debregeasia orientalis***

　　叶线状披针形，雌雄异株，球状团伞花簇，聚花瘦果，橙黄色，可食。

136. 糯米团 荨麻科 糯米团属

***Gonostegia hirta***

　　茎蔓生，叶对生，基出三脉，雌雄异株，团伞花序，瘦果。

**137. 荨麻 荨麻科 荨麻属**

*Urtica fissa*

多年生草本，全株被刺毛，茎四棱形，叶对生，边缘或掌状深裂。皮肤触之痛痒。

**138. 宜昌楼梯草 荨麻科 楼梯草属**

*Elatostema ichangense*

植株无毛，叶互生，叶斜倒卵状长圆形，边缘具齿，花序近无梗。

**139. 锥栗 壳斗科 栗属**

*Castanea henryi*

叶长圆形，革质，壳斗近圆球形，具刺，每壳斗具1卵圆形坚果，可食。

**140. 钩锥 壳斗科 锥属**

*Castanopsis tibetana*

树皮粗糙，叶长椭圆形，侧脉直达齿端，壳斗圆球形，果实扁圆锥形。

## 141. 水青冈 壳斗科 水青冈属
### *Fagus longipetiolata*

小枝具皮孔，壳斗密被褐色茸毛，4瓣裂，每壳斗具2坚果。

## 142. 青冈 壳斗科 栎属
### *Quercus glauca*

叶革质光滑，壳斗碗状，具5～6环带，包着坚果1/3～1/2。

## 143. 枹栎 壳斗科 栎属
### *Quercus serrata*

叶薄革质，叶缘具锯齿，壳斗杯状，小苞片三角形鳞片状。

## 144. 白栎 壳斗科 栎属
### *Quercus fabri*

叶倒卵形，锯齿波状，壳斗杯形，坚果长椭圆形，果脐突起。

145. 枫杨 胡桃科 枫杨属

***Pterocarya stenoptera***

偶数羽状复叶，叶轴具窄翅，雌性柔荑花序顶生，果实具翅。

146. 化香树 胡桃科 化香树属

***Platycarya strobilacea***

奇数羽状复叶，小叶纸质，具锯齿，果序球果状，果实压扁状，具翅。

147. 马桑 马桑科 马桑属

***Coriaria nepalensis***

小枝具4棱或成4窄翅，叶对生，基出三脉，总状花序，果实球形。

148. 木鳖子 葫芦科 苦瓜属

***Momordica cochinchinensis***

藤本，叶3～5深裂，雌雄异株，花黄色，果实卵球形，具刺尖突起。

**149. 台湾赤瓟 葫芦科 赤瓟属**

*Thladiantha punctata*

叶长卵状披针形，雌雄异株，花黄色，瓠果卵形，表面有褶皱。

**150. 栝楼 葫芦科 栝楼属**

*Trichosanthes kirilowii*

攀缘藤本，具块根，叶浅裂，雌雄异株，花白色，果实球形，橙色。

**151. 秋海棠 秋海棠科 秋海棠属**

*Begonia grandis*

叶背紫红色，三至四回二歧聚伞花序，花粉红色，蒴果具3翅。

**152. 灰叶南蛇藤 卫矛科 南蛇藤属**

*Celastrus glaucophyllus*

藤状灌木，小枝皮孔多，总状圆锥花序，蒴果室背开裂，种子红色。

### 153. 卫矛 卫矛科 卫矛属
**Euonymus alatus**

小枝具4棱，老枝具木栓翅，叶对生，聚伞花序，花白绿色，蒴果红色。

### 154. 西南卫矛 卫矛科 卫矛属
**Euonymus hamiltonianus**

小枝具4棱，叶对生，聚伞花序，花白绿色，蒴果，粉红色带黄色。

### 155. 大果卫矛 卫矛科 卫矛属
**Euonymus myrianthus**

幼枝微具4棱，叶对生，革质，聚伞花序，花黄色，蒴果黄色。

### 156. 扶芳藤 卫矛科 卫矛属
**Euonymus fortunei**

藤状灌木，有气生根，叶对生，聚伞花序，花白绿色，蒴果粉色。

### 157. 酢浆草 酢浆草科 酢浆草属
***Oxalis corniculata***

全株被柔毛，小叶3，倒心形，伞形花序，花黄色，蒴果圆柱形。

### 158. 红花酢浆草 酢浆草科 酢浆草属
***Oxalis corymbosa***

小叶3，扁圆状倒心形，二歧聚伞花序，花淡紫色，蒴果。

### 159. 褐毛杜英 杜英科 杜英属
***Elaeocarpus duclouxii***

幼枝被褐色茸毛，总状花序被毛，花瓣上半部撕裂，核果椭圆形。

### 160. 秃瓣杜英 杜英科 杜英属
***Elaeocarpus glabripetalus***

嫩枝无毛，常有红色叶，总状花序，花瓣5，白色，裂为多条，核果。

161. 仿栗 杜英科 猴欢喜属
*Sloanea hemsleyana*

花着生于枝顶端，总状花序，花白色，蒴果外具刺，内果皮紫红色。

162. 猴欢喜 杜英科 猴欢喜属
*Sloanea sinensis*

花多朵簇生于枝顶端叶腋，花白色，蒴果外具刺，内果皮紫红色。

163. 金丝梅 金丝桃科 金丝桃属
*Hypericum patulum*

茎红色，具2棱，叶对生，花序近伞房状，花黄色，蒴果。

164. 元宝草 金丝桃科 金丝桃属
*Hypericum sampsonii*

草本，对生叶基部合生，伞房状花序，花黄色，蒴果卵球形。

165. 月见草 柳叶菜科 月见草属

*Oenothera biennis*

枝上端常被腺毛，花黄色，具长花管，蒴果锥状圆柱形。

166. 赤楠 桃金娘科 蒲桃属

*Syzygium buxifolium*

嫩枝具棱，叶革质，聚伞花序，花白色，果实球形，成熟时紫黑色。

167. 粗糠柴 大戟科 野桐属

*Mallotus philippensis*

细枝被毛，叶基出三脉，总状花序，雌雄异株，蒴果红黄色。

168. 乌桕 大戟科 乌桕属

*Triadica sebifera*

叶菱形，花雌雄同株，蒴果黑色，种子外被白色、蜡质假种皮。

169. 野桐 大戟科 野桐属
**Mallotus tenuifolius**

全株被星状毛，近叶柄具2腺体，雌雄异株，花序总状，蒴果外具软刺。

170. 白背叶 大戟科 野桐属
**Mallotus apelta**

叶互生，叶背被灰白色茸毛，雌雄同株，穗状花序，蒴果被毛。

171. 毛桐 大戟科 野桐属
**Mallotus barbatus**

全株被黄棕色茸毛，叶互生，雌雄异株，总状花序，蒴果具厚毛层。

172. 杠香藤 大戟科 野桐属
**Mallotus repandus var. chrysocarpus**

叶互生，雌雄异株，总状花序，蒴果具2～3个分果爿，种子黑色。

## 173. 蓖麻 大戟科 蓖麻属
### *Ricinus communis*

叶互生，掌状深裂，雌雄同株，圆锥花序，蒴果球形，具软刺。

## 174. 油桐 大戟科 油桐属
### *Vernicia fordii*

叶柄顶端具2红色腺体，花白色，具淡红色脉纹，核果近球状。

## 175. 重阳木 叶下珠科 秋枫属
### *Bischofia polycarpa*

三出复叶，雌雄异株，总状花序下垂，果实浆果状，红褐色。

## 176. 算盘子 叶下珠科 算盘子属
### *Glochidion puberum*

全株密被柔毛，雌雄同株或异株，花小，蒴果扁球状，具纵沟，红色。

## 177. 落萼叶下珠 叶下珠科 叶下珠属
### *Phyllanthus flexuosus*

单叶互生，呈羽状复叶状，雌雄同株，蒴果浆果状下垂，黑红色。

## 178. 叶下珠 叶下珠科 叶下珠属
### *Phyllanthus urinaria*

枝具翅状纵棱，叶呈羽状排列，雌雄同株，蒴果圆球状，红色。

## 179. 野老鹳草 牻牛儿苗科 老鹳草属
### *Geranium carolinianum*

茎具棱，被毛，叶掌状深裂，伞形花序，花淡紫红色，长蒴果。

## 180. 紫花地丁 堇菜科 堇菜属
### *Viola philippica*

基生叶莲座状，无地上茎，花淡紫色，具条纹，有距，蒴果长圆形。

181. 川黔紫薇 千屈菜科 紫薇属
**Lagerstroemia excelsa**

　　叶对生，树皮成薄片剥落，圆锥花序，花细小，簇生状，蒴果。

182. 金锦香 野牡丹科 金锦香属
**Osbeckia chinensis**

　　茎四棱形，叶线状披针形，花淡紫红色，蒴果紫红色。

183. 地稔 野牡丹科 野牡丹属
**Melastoma dodecandrum**

　　匍匐茎逐节生根，叶面被糙伏毛，花紫红色，果实坛状，肉质。

184. 中国旌节花 旌节花科 旌节花属
**Stachyurus chinensis**

　　叶近圆形，具圆齿状锯齿，穗状花序，花黄色，果实圆球形。

185. 西域旌节花 旌节花科 旌节花属
*Stachyurus himalaicus*

叶长圆披针形，具细密锯齿，穗状花序，花黄色，果实近球形。

186. 银鹊树 瘿椒树科 瘿椒树属
*Tapiscia sinensis*

奇数羽状复叶，圆锥花序，雄花与两性花异株，花萼钟状，核果。

187. 伯乐树 叠珠树科 伯乐树属
*Bretschneidera sinensis*

小枝具明显皮孔，奇数羽状复叶，花淡红色，具条纹，蒴果，种子红色。

188. 结香 瑞香科 结香属
*Edgeworthia chrysantha*

茎皮强韧，叶纸质，头状花序绒球状，花黄色，先叶开花。

189. 黄连木 漆树科 黄连木属

*Pistacia chinensis*

树皮鳞片状剥落，奇数羽状复叶，花单性异株，小，核果紫红色。

190. 盐肤木 漆树科 盐肤木属

*Rhus chinensis*

羽状复叶，叶轴具翅，圆锥花序，花白色，果实具盐霜。结五倍子虫瘿。

191. 红麸杨 漆树科 盐肤木属

*Rhus punjabensis* var. *sinica*

奇数羽状复叶，叶全缘，圆锥花序，核果，成熟时暗紫红色。

192. 木蜡树（野漆树） 漆树科 漆树属

*Toxicodendron sylvestre*

奇数羽状复叶，小叶对生，花黄色，核果偏斜压扁。汁液有毒。

193. 鸡爪槭 无患子科 槭属
*Acer palmatum*

叶掌状深裂，入秋变红色，伞房花序，花杂性，紫色，翅果成钝角。

194. 青榨槭 无患子科 槭属
*Acer davidii*

幼枝绿色，叶具锯齿，总状花序，花杂性，黄绿色，翅果成钝角。

195. 建始槭 无患子科 槭属
*Acer henryi*

复叶具3小叶，穗状花序，幼果紫色，两翅成锐角或近直角。

196. 复羽叶栾 无患子科 栾属
*Koelreuteria bipinnata*

二回羽状复叶，圆锥花序，花黄色，蒴果具3棱，淡紫红色，老时褐色。

## 197. 天师栗 无患子科 七叶树属
### *Aesculus chinensis* var. *wilsonii*

　　掌状复叶对生，具5~7小叶，花杂性，白色，蒴果黄褐色，常3裂。

## 198. 枳 芸香科 柑橘属
### *Citrus trifoliata*

　　枝具刺，具纵棱，叶柄有翼叶，花白色，柑果暗黄色。树作砧木。

## 199. 吴茱萸 芸香科 吴茱萸属
### *Tetradium ruticarpum*

　　枝紫红色，羽状复叶，花序顶生，雌雄同株，果实红色，成簇，芳香。

## 200. 蚬壳花椒 芸香科 花椒属
### *Zanthoxylum dissitum*

　　茎具皮刺，奇数羽状复叶，花淡黄绿色，果实成簇，果瓣似蚬，红色。

201. 梗花椒 芸香科 花椒属
*Zanthoxylum stipitatum*

枝具皮刺，羽状复叶，花单性，蓇葖果红色，种子黑色。

202. 秃叶黄檗 芸香科 黄檗属
*Phellodendron chinense* var.
*glabriusculum*

树皮内层黄色，羽状复叶对生，总状花序，花紫绿色，核果。

203. 野鸦椿 省沽油科 野鸦椿属
*Euscaphis japonica*

小枝红紫色，揉碎有气味，圆锥花序，花黄白色，蓇葖果红色。

204. 苦木 苦木科 苦木属
*Picrasma quassioides*

羽状复叶，复聚伞花序，雌雄异株，花黄绿色，核果蓝绿色。

205. 楝（苦楝） 楝科 楝属
*Melia azedarach*

奇数羽状复叶，圆锥花序，花淡紫色，芳香，核果椭圆形。

206. 红椿 楝科 香椿属
*Toona ciliata*

羽状复叶，小叶对生，圆锥花序，花白色，蒴果长椭圆形，种子具翅。

207. 黄蜀葵 锦葵科 秋葵属
*Abelmoschus manihot*

全株被长硬毛，叶掌状深裂，花黄色，基部紫色，蒴果开裂。

208. 扁担杆 锦葵科 扁担杆属
*Grewia biloba*

嫩枝和叶两面被粗毛，聚伞花序，花白色，核果橙红色，2裂。

209. 地桃花 锦葵科 梵天花属
**Urena lobata**

小枝和叶被星状茸毛，叶近圆形，粗糙，花淡红色，果实扁球形。

210. 马松子 锦葵科 马松子属
**Melochia corchorifolia**

枝黄褐色，叶薄纸质具锯齿，花萼钟状，花白色，蒴果具5棱。

211. 荠 十字花科 荠属
**Capsella bursa-pastoris**

基生叶莲座状，总状花序，花白色，短角果倒三角形。野菜。

212. 诸葛菜 十字花科 诸葛菜属
**Orychophragmus violaceus**

基生叶心形，花萼筒状，花紫色或白色，长角果线形，具4棱。

213. 川桑寄生 桑寄生科 钝果寄生属
**Taxillus sutchuenensis**

　　寄生于他树，叶近对生，总状花序密集成伞形，花红色，果实椭圆形。

214. 垂序商陆 商陆科 商陆属
**Phytolacca americana**

　　茎紫红色，总状花序，花白色，果序下垂，浆果扁球形，紫黑色。

215. 金线草 蓼科 蓼属
**Persicaria filiformis**

　　茎节膨大，单叶，托叶鞘筒状，穗状花序，瘦果包于宿存花被。

216. 长鬃蓼 蓼科 蓼属
**Persicaria longiseta**

　　叶披针形，托叶鞘具缘毛，穗状花序，花淡红色，瘦果具3棱。

217. 红蓼 蓼科 蓼属
*Persicaria orientalis*

　　枝、叶被长柔毛，叶宽卵形，穗状花序，花淡红色，瘦果近球形。

218. 虎杖 蓼科 虎杖属
*Reynoutria japonica*

　　茎散生紫红色斑点，雌雄异株，花淡绿色，瘦果卵形，具3棱。

219. 扛板归 蓼科 蓼属
*Persicaria perfoliata*

　　茎具倒刺，叶三角形，总状花序，肉质花被片深蓝色，内包瘦果。

220. 鹅肠菜（牛繁缕） 石竹科 繁缕属
*Stellaria aquatica*

　　枝绿色，叶对生，聚伞花序，花瓣白色，2深裂近基部，蒴果。

221. 牛膝 苋科 牛膝属

*Achyranthes bidentata*

　　茎具棱角，分枝对生，节膝状膨大，穗状花序，花绿色，胞果。

222. 青葙 苋科 青葙属

*Celosia argentea*

　　茎具条纹，叶披针形，穗状花序，花白色，胞果卵形，种子黑色。

223. 土荆芥 苋科 腺毛藜属

*Dysphania ambrosioides*

　　茎多分枝，叶形变化大，有香味，花两性及雌性，淡绿色，胞果。

224. 喜旱莲子草 苋科 莲子草属

*Alternanthera philoxeroides*

　　茎匍匐中空，叶披针形，头状花序，花白色。恶性杂草。

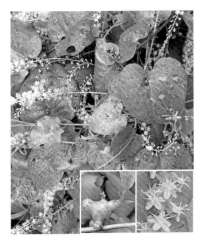

225. 落葵薯 落葵科 落葵薯属

*Anredera cordifolia*

缠绕藤本，茎紫红色，具珠芽，叶心型肉质，穗状花序，花白色。

226. 土人参 土人参科 土人参属

*Talinum paniculatum*

茎肉质，主根粗壮，圆锥花序，萼片5，花粉红色，蒴果3裂。

227. 马齿苋 马齿苋科 马齿苋属

*Portulaca oleracea*

茎暗红色，茎、叶肥厚，萼片绿色，花黄色，蒴果卵球形。

228. 珙桐 蓝果树科 珙桐属

*Davidia involucrata*

叶互生，宽卵形，苞片白色花瓣状，头状花序，花药紫色，核果长圆形。

## 229. 八角枫 山茱萸科 八角枫属
### *Alangium chinense*

　　幼枝紫绿色，叶多浅裂，聚伞花序，花冠裂片反卷，核果。

## 230. 光皮梾木 山茱萸科 山茱萸属
### *Cornus wilsoniana*

　　树皮青灰色，块状剥落，叶对生，聚伞花序，花白色，核果球形，紫黑色。

## 231. 灯台树 山茱萸科 山茱萸属
### *Cornus controversa*

　　枝开展，叶互生，叶脉明显，聚伞花序，花小，白色，核果球形。

## 232. 尖叶四照花 山茱萸科 山茱萸属
### *Cornus elliptica*

　　叶革质，尾渐尖，球形头状花序，总苞片4，白色，果序球形，红色。

### 233.椋木 山茱萸科 山茱萸属
**Cornus macrophylla**

　　幼枝具棱角，叶对生，伞房状聚伞花序，花小，白色，核果黑色。

### 234.山茱萸 山茱萸科 山茱萸属
**Cornus officinalis**

　　叶对生，伞形花序着生于枝侧，花瓣4，黄色，向外反卷，核果红色。

### 235.四川溲疏 绣球科 溲疏属
**Deutzia setchuenensis**

　　小枝被毛，叶对生，伞房状聚伞花序，花白色，蒴果球形。

### 236.常山 绣球科 常山属
**Dichroa febrifuga**

　　叶对生，伞房状圆锥花序，花白色或蓝色，花药蓝色，浆果常蓝色。

**237. 中国绣球 绣球科 绣球属**
*Hydrangea chinensis*

叶对生，薄纸质，聚伞花序，白色不育花萼片3～4，花黄色，蒴果。

**238. 西南绣球 绣球科 绣球属**
*Hydrangea davidii*

叶对生，白色不育花萼片3～4，背面淡紫色，花深蓝色，蒴果。

**239. 蜡莲绣球 绣球科 绣球属**
*Hydrangea strigosa*

对生叶纸质，被毛，白色至淡红色不育花萼片4～5，花淡红色，蒴果。

**240. 短柱柃 五列木科 柃属**
*Eurya brevistyla*

叶革质，具锯齿，花单性，花瓣5，白色，果实蓝黑色，果柄短。

241. 睫毛萼凤仙花 凤仙花科 凤仙花属
***Impatiens blepharosepala***

　　叶缘锯齿有小尖，侧生萼片具睫毛，花紫红色，唇瓣具内弯长距，蒴果条形。

242. 齿萼凤仙花 凤仙花科 凤仙花属
***Impatiens dicentra***

　　叶缘锯齿有小尖，侧生萼片具粗齿，花大，黄色，唇瓣具条纹和短距。

243. 翼萼凤仙花 凤仙花科 凤仙花属
***Impatiens pterosepala***

　　叶缘具圆齿，花紫红色，唇瓣狭漏斗状基部具长弯距，蒴果条形。

244. 黄金凤 凤仙花科 凤仙花属
***Impatiens siculifer***

　　叶缘具粗圆齿，花黄色，唇瓣狭漏斗状，基部内弯成距，蒴果棒状。

**125**

**245. 乌柿 柿科 柿属**

*Diospyros cathayensis*

具枝刺，叶薄革质，花单性，花冠壶状，白色，浆果橘黄色。

**246. 鄂报春 报春花科 报春花属**

*Primula obconica*

全株被柔毛，叶丛生，伞形花序，花紫红色，先端2裂，蒴果球形。

**247. 朱砂根 报春花科 紫金牛属**

*Ardisia crenata*

叶革质，叶背绿色或紫红色，聚伞花序，花白色，果实鲜红色。

**248. 紫金牛 报春花科 紫金牛属**

*Ardisia japonica*

匍匐茎可生根，亚伞形花序，花粉红色，核果鲜红色，果期长。

### 249.矮桃 报春花科 珍珠菜属
***Lysimachia clethroides***

　　根茎淡红色，叶互生，总状花序顶生，花白色，蒴果近球形。

### 250.落地梅 报春花科 珍珠菜属
***Lysimachia paridiformis***

　　叶常4～6片在茎顶端轮生，伞状花序顶生，花黄色，蒴果球形。

### 251.临时救 报春花科 珍珠菜属
***Lysimachia congestiflora***

　　匍匐茎节上生根，叶对生，头状花序，花黄色，蒴果球形。

### 252.黔阳过路黄 报春花科 珍珠菜属
***Lysimachia sciadophylla***

　　茎簇生，叶对生，苞片边缘具铁锈色缘毛，头状花序，花黄色。

**253.** 油茶 山茶科 山茶属

*Camellia oleifera*

　　幼枝被毛，叶革质，具细齿，花白色，蒴果，种子黑色，含油。

**254.** 小花木荷 山茶科 木荷属

*Schima parviflora*

　　嫩枝细，被柔毛，叶薄革质，具锯齿，总状花序着生于叶腋，花白色，蒴果。

**255.** 中华猕猴桃 猕猴桃科 猕猴桃属

*Actinidia chinensis*

　　落叶藤本，幼枝和叶被茸毛，雌雄异株，聚伞花序，花白色，浆果无毛或稀被毛。

**256.** 美味猕猴桃 猕猴桃科 猕猴桃属

*Actinidia chinensis* var. *deliciosa*

　　落叶藤本，幼枝和叶被茸毛，雌雄异株，聚伞花序，花白色，浆果被粗茸毛。

257. 京梨猕猴桃 猕猴桃科 猕猴桃属
*Actinidia callosa var. henryi*

落叶藤本，幼枝和叶被茸毛，雌雄异株，花白色，浆果小而长，具斑点。

258. 对萼猕猴桃 猕猴桃科 猕猴桃属
*Actinidia valvata*

落叶木质藤本，幼枝和叶无毛，雌雄异株，花白色，浆果无毛，橙黄色。

259. 革叶猕猴桃 猕猴桃科 猕猴桃属
*Actinidia rubricaulis var. coriacea*

常绿藤本，叶革质，无毛，雌雄异株，花红色，浆果短小，具斑点。

260. 马银花 杜鹃花科 杜鹃花属
*Rhododendron ovatum*

叶革质，近无毛，花冠辐状，淡紫红色，具斑点，蒴果球形，具宿萼。

261. 鹿角杜鹃 杜鹃花科 杜鹃花属
**Rhododendron latoucheae**

叶革质，无毛，花冠漏斗状，白色或粉红色，蒴果具宿存花柱。

262. 杜鹃（映山红） 杜鹃花科 杜鹃花属
**Rhododendron simsii**

叶被毛，花簇生，花鲜红色，裂片具斑点，蒴果卵形，具宿萼。

263. 南烛（乌饭树） 杜鹃花科 越橘属
**Vaccinium bracteatum**

叶薄革质，花冠坛状，白色，浆果紫黑色，可食。叶浸渍稻米，可作"乌饭"。

264. 华钩藤 茜草科 钩藤属
**Uncaria sinensis**

枝节上有2个弯钩（不育花序梗），叶对生，有托叶，头状花序，蒴果。

265. 多花茜草　茜草科　茜草属
*Rubia wallichiana*

　　藤本，茎4棱，具倒刺，4叶轮生，基出脉5，花绿黄色，浆果黑色。

266. 细叶水团花　茜草科　水团花属
*Adina rubella*

　　水边生，叶对生，头状花序，花冠筒裂片紫红色，花柱长，白色，蒴果。

267. 黄棉木　茜草科　黄棉木属
*Metadina trichotoma*

　　叶对生，头状花序排列成复伞房状，花黄白色，花柱长，蒴果球形。

268. 大叶白纸扇　茜草科　玉叶金花属
*Mussaenda shikokiana*

　　叶对生，聚伞花序，1枚萼裂片变为白色叶状，花黄色，浆果。

269. 鸡屎藤 茜草科 鸡屎藤属
**Paederia foetida**

叶对生，搓有臭味，圆锥花序，花冠钟状，浅紫红色，果实球形。

270. 六月雪 茜草科 白马骨属
**Serissa japonica**

小灌木，叶对生，萼绿色，花冠漏斗状，白色，核果具2分果。

271. 日本蛇根草 茜草科 蛇根草属
**Ophiorrhiza japonica**

对生叶干后红色，聚伞花序顶生，花冠漏斗状，粉红色，蒴果。

272. 华南龙胆 龙胆科 龙胆属
**Gentiana loureiroi**

茎紫红色，具基生叶和茎生叶，花冠漏斗形，紫色，蒴果具翅。

## 273. 红花龙胆 龙胆科 龙胆属
### *Gentiana rhodantha*

茎紫色，叶对生，花冠筒状，淡红色，具紫色纵纹和流苏，蒴果。

## 274. 宝兴吊灯花 夹竹桃科 吊灯花属
### *Ceropegia paohsingensis*

叶对生，花冠近漏斗状，具紫红色斑点，喉部膨大，裂片舌状。

## 275. 牛皮消 夹竹桃科 鹅绒藤属
### *Cynanchum auriculatum*

具块状根，叶对生，有乳汁，聚伞花序，花白色，长蓇葖果。

## 276. 络石 夹竹桃科 络石属
### *Trachelospermum jasminoides*

攀缘藤本，白色汁液有毒，叶对生，花白色，蓇葖果线形。

277. 紫花络石 夹竹桃科 络石属
*Trachelospermum axillare*

藤本，具白色汁液，革质叶对生，花紫色，蓇葖果2，长梭形，粘生。

278. 琉璃草 紫草科 琉璃草属
*Cynoglossum furcatum*

枝密被糙毛，茎生叶披针形，花冠漏斗状，蓝色，小坚果具刺。

279. 圆叶牵牛 旋花科 牵牛属
*Ipomoea purpurea*

缠绕草本，叶心形，花冠漏斗状，紫红色或白色，蒴果3瓣裂。

280. 三裂叶薯 旋花科 番薯属
*Ipomoea triloba*

叶3裂，花冠漏斗状，具5裂片，淡紫红色，蒴果4瓣裂。

281. 南方菟丝子 旋花科 菟丝子属
***Cuscuta australis***

寄生藤本，茎黄色，纤细，花冠杯状，乳白色，花药黄色，蒴果。

282. 珊瑚樱 茄科 茄属
***Solanum pseudocapsicum***

叶披针形，花单生，花冠轮状，白色，花药黄色，浆果橙红色。

283. 喀西茄（刺茄子） 茄科 茄属
***Solanum aculeatissimum***

枝、叶具细长针状皮刺，花冠辐状，蓝紫色，浆果淡黄色，幼时具纹。

284. 龙葵 茄科 茄属
***Solanum nigrum***

全株近无毛，伞形花序，花冠轮状，白色，花药黄色，浆果黑色。

285. 白英 茄科 茄属

*Solanum lyratum*

　　枝、叶被柔毛，圆锥花序，花蓝紫色或白色，花药黄色，浆果红色。

286. 枸杞 茄科 枸杞属

*Lycium chinense*

　　枝条具纵纹，顶端刺状，花冠漏斗状，淡紫色，浆果卵圆形，红色。

287. 龙珠 茄科 龙珠属

*Tubocapsicum anomalum*

　　叶互生，或大小不等2叶双生，花冠宽钟状，黄色，浆果红色。

288. 华素馨 木樨科 素馨属

*Jasminum sinense*

　　三出复叶对生，聚伞花序，花冠高脚碟状，白色，芳香，果实黑色。

**289. 清香藤 木樨科 紫馨属**

*Jasminum lanceolaria*

三出复叶对生，复聚伞花序，花冠高脚碟状，白色，芳香，果实黑色。

**290. 白蜡树 木樨科 梣属**

*Fraxinus chinensis*

羽状复叶，雌雄异株，圆锥花序，无花冠，雌花疏离，翅果匙形。

**291. 粉花报春苣苔 苦苣苔科**
**报春苣苔属**

*Primulina roseoalba*

叶基生，卵形，具锯齿，被毛，花漏斗状筒形，花冠稍两唇形，白色至粉红色。

**292. 大花套唇苣苔 苦苣苔科**
**套唇苣苔属**

*Damrongia clarkeana*

叶基生，卵形，具齿，被毛，聚伞花序，花冠稍二唇形，淡紫色，蒴果。

293. 蚂蟥七 苦苣苔科 报春苣苔属
**Primulina fimbrisepala**

根状茎具横纹似蚂蟥，基生叶不对称，花淡紫色，具斑点，蒴果。

294. 车前 车前科 车前属
**Plantago asiatica**

叶基生莲座状，穗状花序长圆柱状，花冠、花药白色，蒴果卵形。

295. 阿拉伯婆婆纳 车前科 婆婆纳属
**Veronica persica**

茎密被2列柔毛，叶具齿，被毛，总状花序，花蓝紫色，蒴果肾形。

296. 腹水草 车前科 腹水草属
**Veronicastrum stenostachyum** subsp.
**plukenetii**

茎顶端着地生根，叶互生，具齿，穗状花序腋生，花紫色，蒴果。

**297. 醉鱼草 玄参科 醉鱼草属**
***Buddleja lindleyana***

　　小枝具棱，叶对生，穗状聚伞花序，花冠筒状，紫色，蒴果具宿萼。

**298. 紫萼蝴蝶草 母草科 蝴蝶草属**
***Torenia violacea***

　　叶对生，具锯齿，伞形花序，花萼具5翅，花白色，具蓝紫色斑块。

**299. 紫珠 唇形科 紫珠属**
***Callicarpa bodinieri***

　　叶对生，被茸毛，具腺点，聚伞花序，花紫色，果实球形，紫色。

**300. 兰香草 唇形科 莸属**
***Caryopteris incana***

　　叶具粗锯齿，聚伞花序密集，花淡蓝紫色，蒴果球形，具翅。

301. 臭牡丹 唇形科 大青属
***Clerodendrum bungei***

　　叶宽卵形，尾尖，有臭味，伞房状聚伞花序，花淡红色，核果蓝黑色。

302. 总序香茶菜 唇形科 香茶菜属
***Isodon racemosus***

　　枝钝四棱形，具槽，叶对生，具粗锯齿，花冠二唇形，白色，小坚果。

303. 小野芝麻 唇形科 小野芝麻属
***Matsumurella chinense***

　　枝四棱形，被毛，叶对生，具锯齿，轮伞花序，花冠唇形，粉红色，小坚果。

304. 梗花华西龙头草 唇形科 龙头草属
***Meehania fargesii* var. *pedunculata***

　　叶长三角状卵形，顶生假总状花序，花冠唇形，淡紫红色。

305. 纤细假糙苏 唇形科 假糙苏属
***Paraphlomis gracilis***

　　茎被倒向糙伏毛，叶对生，披针形，轮伞花序，花白色，具紫色斑。

306. 狐臭柴 唇形科 豆腐柴属
***Premna puberula***

　　叶对生，搓有鲜味，圆锥花序，花冠唇形，淡黄色，核果。叶可加工制作"神仙豆腐"。

307. 牡荆 唇形科 牡荆属
***Vitex negundo* var. *cannabifolia***

　　小枝四棱形，掌状复叶对生，圆锥花序，花冠唇形、淡紫色，果实球形。

308. 夏枯草 唇形科 夏枯草属
***Prunella vulgaris***

　　茎钝四棱形，叶对生，穗状花序，花冠唇形，紫红色至白色，小坚果。

309. 紫苏 唇形科 紫苏属
*Perilla frutescens*

　　茎、叶紫色，轮伞总状花序，花白色至紫红色，小坚果。香料。

310. 野生紫苏（白苏） 唇形科 紫苏属
*Perilla frutescens* var. *purpurascens*

　　茎四棱形，叶对生，绿色，轮伞总状花序，花白色，小坚果土黄色。

311. 疏柔毛罗勒 唇形科 罗勒属
*Ocimum basilicum* var. *pilosum*

　　枝钝四棱形，叶对生，轮伞花序，花冠唇形，淡紫色，小坚果。香料。

312. 风轮菜 唇形科 风轮菜属
*Clinopodium chinense*

　　茎、叶被毛，叶对生，轮伞花序具多花，花冠唇形，紫红色，小坚果。

313. 美丽通泉草 通泉草科 通泉草属
*Mazus pulchellus*

莲座状基生叶，总状花序，花紫红色，上唇片具流苏状细齿，蒴果。

314. 沟酸浆 透骨草科 沟酸浆属
*Erythranthe tenella*

茎四方形，叶对生，宿存花萼囊泡状，具窄翅，花冠漏斗状，黄色，蒴果。

315. 白花泡桐 泡桐科 泡桐属
*Paulownia fortune*

叶长卵状心形，聚伞花序，宿存萼片，花冠管状漏斗形，白色仅背面稍带浅紫色，蒴果。

316. 白接骨 爵床科 十万错属
*Asystasia neesiana*

全株富黏液，具根状茎，总状花序，花冠漏斗状，淡紫红色，蒴果。

317. 薄叶马蓝 爵床科 马蓝属

*Strobilanthes labordei*

叶对生，具灰白色斑，被毛，花冠漏斗状，具裂片，浅紫色，雄蕊4。

318. 球花马蓝 爵床科 马蓝属

*Strobilanthes dimorphotricha*

叶对生，不等大，椭圆状披针形，花冠管状，紫红色，稍弯曲，蒴果长圆状棒形。

319. 灰楸 紫葳科 梓属

*Catalpa fargesii*

叶三角状心形，伞房状总状花序，花冠钟状，淡红色，蒴果细长。

320. 马鞭草 马鞭草科 马鞭草属

*Verbena officinalis*

茎四棱形，叶深裂，具锯齿，花淡紫色，穗状果序，小坚果长圆形。

321. 青荚叶 青荚叶科 青荚叶属
*Helwingia japonica*

叶痕显著，叶具刺状齿，花着生于叶脉，小，淡绿色，浆果黑色。

322. 华中枸骨 冬青科 冬青属
*Ilex centrochinensis*

全株无毛，叶革质光亮，总状聚伞花序，花杂性，淡黄色，果实球形，红色。

323. 冬青 冬青科 冬青属
*Ilex chinensis*

叶革质，互生，复聚伞花序，花淡紫色，果实球形，红色，冬季果期长。

324. 猫儿刺 冬青科 冬青属
*Ilex pernyi*

幼枝具纵棱槽，革质叶具深波状刺齿，花淡黄色，果实扁球形，红色。

325. 五棱苦丁茶 冬青科 冬青属
**Ilex pentagona**

　　小枝具5纵锐棱角，叶革质，花黄绿色，假总状果序，果实球形。

326. 轮钟草 桔梗科 轮钟草属
**Cyclocodon lancifolius**

　　茎中空，叶对生，花萼有分枝，花白色，柱头大，浆果黑色。

327. 铜锤玉带草 桔梗科 半边莲属
**Lobelia nummularia**

　　具白色汁液，茎平卧，叶心形，花淡紫色，浆果紫红色，椭圆状。

328. 野菊 菊科 菊属
**Chrysanthemum indicum**

　　叶羽状半裂至浅裂，具锯齿，头状花序，总苞片5层，花黄色，瘦果。

146

329. 野茼蒿（革命菜） 菊科 野茼蒿属

**Crassocephalum crepidioides**

　　叶具锯齿，头状花序，总苞钟状，全部管状花，花红褐色，瘦果。

330. 一年蓬 菊科 飞蓬属

**Erigeron annuus**

　　茎、叶被毛，头状花序，外围雌花白色，中央两性花管状，黄色。

331. 牛膝菊 菊科 牛膝菊属

**Galinsoga parviflora**

　　叶对生，头状花序半球形，白色舌状花4～5，管状花黄色，瘦果。

332. 鼠曲草 菊科 鼠曲草属

**Pseudognaphalium affine**

　　被白色厚茸毛，头状花序密集成伞房状，花黄色，瘦果。野菜。

## 333. 千里光 菊科 千里光属
### Senecio scandens

叶卵状披针形，头状花序排列成复聚伞圆锥状，舌状管状花黄色。

## 334. 蒲儿根 菊科 蒲儿根属
### Sinosenecio oldhamianus

叶卵状圆形具锯齿，头状花序排列成顶生复伞房状，舌状管状花黄色。

## 335. 夜香牛 菊科 夜香牛属
### Cyanthillium cinereum

叶长菱状，具锯齿，头状花序排列成伞房圆锥状，总苞钟状，花红色。

## 336. 苍耳 菊科 苍耳属
### Xanthium strumarium

叶三角状心形，雄性的头状花序球形，雌性的头状花序椭圆形，瘦果外总苞具刺。

**337.藿香蓟 菊科 藿香蓟属**

*Ageratum conyzoides*

　　枝淡红色，被毛，叶对生，头状花序排列成伞房状，总苞钟状，花淡紫色。

**338.羊耳菊 菊科 羊耳菊属**

*Duhaldea cappa*

　　叶长圆状披针形，头状花序排列成聚伞圆锥状，舌状花和管状花黄色。

**339.翅果菊（野莴苣） 菊科 莴苣属**

*Lactuca indica*

　　上部叶线形，无毛，头状花序，舌状小花黄色，瘦果黑色，冠毛白色。

**340.黄鹌菜 菊科 黄鹌菜属**

*Youngia japonica*

　　基生叶长椭圆形，头状花序排列成伞房花序，舌状小花黄色，瘦果。

341. 马兰 菊科 紫菀属

*Aster indicus*

　　叶倒披针形，有裂片，头状花序，舌状花浅紫色，管状花黄色，瘦果。

342. 大狼耙草 菊科 鬼针草属

*Bidens frondosa*

　　枝带紫色，叶对生，总苞叶状，管状花黄色，瘦果扁平，顶端具芒刺2枚。

343. 金盏银盘（鬼针草） 菊科
鬼针草属

*Bidens biternata*

　　枝绿色，总苞条形，舌状花和管状花黄色，瘦果条状，顶端具芒刺3枚。

344. 豨莶 菊科 豨莶属

*Siegesbeckia orientalis*

　　叶对生，头状花序聚生于枝顶端，总苞宽钟状，两性花黄色，具3裂片。

345. 鳢肠 菊科 鳢肠属
*Eclipta prostrata*

叶披针形，总苞钟形，花白色，外围雌花，中央两性花，瘦果暗褐色。

346. 黄花蒿 菊科 蒿属
*Artemisia annua*

叶三回羽状深裂，搓有异味，头状花序排列成圆锥状，小，花黄色。

347. 魁蒿 菊科 蒿属
*Artemisia princeps*

叶一至二回羽状深裂，叶背白色，头状花序长圆形，较小，花黄色。

348. 天名精 菊科 天名精属
*Carpesium abrotanoides*

茎、叶被毛，叶皱缩，头状花序腋生，总苞钟状，花黄色，有异味。

349. 南方荚蒾 五福花科 荚蒾属
*Viburnum fordiae*

全株被毛，叶宽卵形，叶脉明显，复伞形聚伞花序，花白色，果实红色。

350. 球核荚蒾 五福花科 荚蒾属
*Viburnum propinquum*

全株无毛，叶革质，离基三出脉，花绿白色，果实成熟时蓝黑色。

351. 烟管荚蒾 五福花科 荚蒾属
*Viburnum utile*

叶革质，卵圆状披针形，聚伞花序，花白色，果实红色，后变黑色。

352. 接骨木 五福花科 荚蒾属
*Sambucus williamsii*

羽状复叶，叶有臭味，聚伞花序，花白色，小而密，果实红色。

### 353. 二翅糯米条　忍冬科　糯米条属
***Abelia macrotera***

叶对生，具疏锯齿，披针形苞片红色，花冠漏斗状，浅紫红色，果实长，具宿萼。

### 354. 双盾木　忍冬科　双盾木属
***Dipelta floribunda***

全缘叶对生，具盾状红色小苞片，花粉红色，果实具棱，具宿萼。

### 355. 金银忍冬　忍冬科　忍冬属
***Lonicera maackii***

叶对生，纸质，花冠唇形，先白色后变黄色，花香，浆果暗红色。

### 356. 忍冬　忍冬科　忍冬属
***Lonicera japonica***

叶对生，纸质，被毛，花冠唇形，先白色后变黄色，花香，浆果蓝黑色。

357. 半边月 忍冬科 锦带花属
***Weigela japonica* var. *sinica***

叶对生，叶脉明显，花冠漏斗状钟形，白色或淡红色，果实长形略弯似月。

358. 败酱 忍冬科 败酱属
***Patrinia scabiosifolia***

茎生叶对生，羽状深裂，搓有臭味，聚伞花序，花黄色，瘦果。

359. 角叶鞘柄木 鞘柄木科 鞘柄木属
***Torricellia angulata***

枝具叶痕，叶五角状圆形，叶柄鞘状，圆锥花序，花略红，核果。

360. 大叶海桐 海桐科 海桐属
***Pittosporum daphniphylloides* var.
*adaphniphylloides***

叶簇生于枝顶端，复伞形花序，花黄色，蒴果2片裂开，种子红色。

**361. 海金子 海桐科 海桐属**

*Pittosporum illicioides*

叶着生于枝顶端，伞形花序顶生，花黄色，蒴果3片裂开，种子红色。

**362. 棘茎楤木 五加科 楤木属**

*Aralia echinocaulis*

小枝具密而细长直刺，二回羽状复叶，顶生大圆锥花序，果实球形。

**363. 刺楸 五加科 刺楸属**

*Kalopanax septemlobus*

枝干具鼓钉状扁刺，叶掌状浅裂，花白色至淡黄色，果实球形，蓝黑色。

**364. 白簕 五加科 五加属**

*Eleutherococcus trifoliatus*

蔓生枝疏具钩刺，小叶3，花黄绿色，花丝长，白色，果实球形，黑色。

365. 天胡荽（满天星） 五加科
天胡荽属

*Hydrocotyle sibthorpioides*

茎匍匐铺地，节生根，叶圆形浅裂，花
绿白色，果实两侧扁，中棱隆起。

366. 窃衣 伞形科 窃衣属

*Torilis scabra*

叶一至二回羽状分裂，复伞形花序，花
白色，双悬果具皮刺。

367. 线叶水芹 伞形科 水芹属

*Oenanthe linearis*

叶柄具鞘，叶二回羽状分裂，复伞形花
序，花白色。水生野菜。

368. 鸭儿芹 伞形科 鸭儿芹属

*Cryptotaenia japonica*

基生叶具柄，3小叶具锯齿，圆锥花
序，双悬果，有香气。野菜。

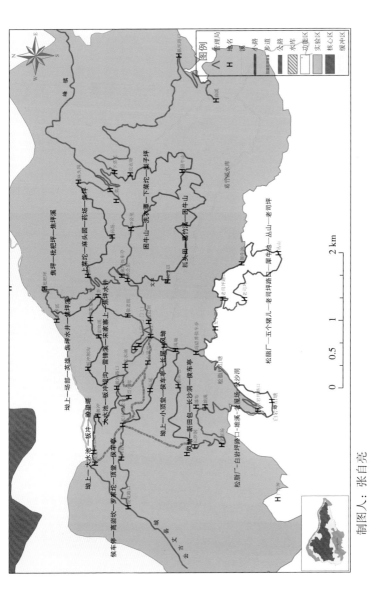

制图人：张自亮

附图一　高望界自然保护区吉首大学生物学野外实习路线图

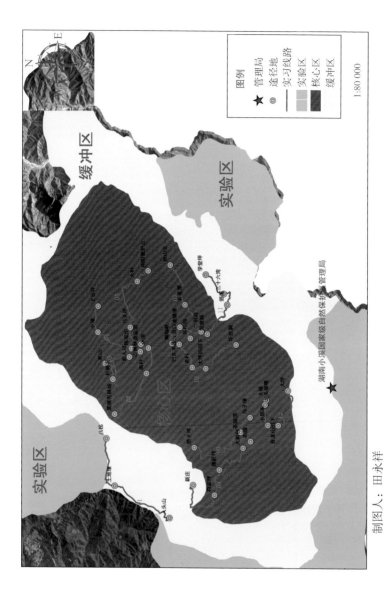

制图人：田永祥　　　附图二　小溪自然保护区吉首大学生物学野外实习路线图